2015东南·中国建筑新人赛

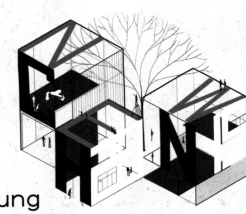

We are bold, We are young

主 编

唐 芃

编委会

韩冬青	葛爱明	荣
孙世界	葛唐芃	嵩
鲍莉	张	敏
张彧	张	
殷铭	张	

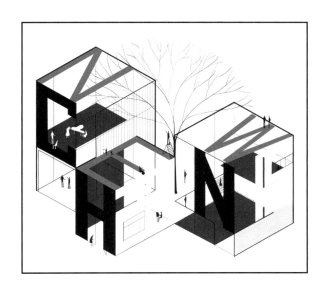

CHINA

2015

东南·中国建筑新人赛

SEU · Chinese Contest of the Rookies' Award
for
Architectural Students

东南大学出版社·南京

东南大学建筑学院院长　韩冬青教授

致 新 人

韩冬青　唐　芃

由东南大学建筑学院举办的"中国建筑新人赛",一直践行学生自行组织,学生作品自由投稿,现场答辩揭晓结果的三个竞赛原则。经过数年的努力,已经在中国建筑学学生设计竞赛中做出了特色,并产生了深远的影响。

中国建筑新人赛好比一场全国性的设计作业评图,它提供了一个场所,将来自全国的优秀作业同台展示,评委们当场打分,并通过现场答辩评选出优秀作业。这种带有竞赛性质的评图,与各个学校基于日常设计课程要求的评图机制和标准不尽相同,更强调脑洞大开、奇思妙想和多样化图纸模型的表达,以及创作者的口头表述。对于尚在1~3年级的"建筑新人"来说,新人赛无疑是极有意义的展现自己的舞台。多数学生在绘图之外的与人面对面交流的才能可以得到发掘,而那些在日常教学中并未被认可的大胆设想也有可能被接受。同样,参与组织建筑新人赛活动的东南大学建筑学院1~3年级的学生志愿者们,更在这样的活动中锻炼自己,结交学友,拓展了作为建筑设计师应有的交流能力。

正因为中国建筑新人赛是为建筑新人们准备的竞赛,每一年的活动我们都努力做得比前一年更有新意。2015年的中国建筑新人赛有了全新的面貌。第一,竞赛由东南大学建筑学院与东南大学建筑设计研究院有限公司共同主办,"中国建筑新人赛"正式更名为"东南·中国建筑新人赛",并由具有重要学术影响力的期刊《建筑师》协办,每年定期发布竞赛信息与竞赛回顾。东南大学建筑设计研究院的参与,为参赛者提供了优先进入该院实习的机会,并组织了由建筑师带领去实地参观优秀建筑的旅行。建筑新人赛成为一个真正建立面对面交流的真实平台。

第二,预赛改变了以往邮寄图纸,并由评委逐个翻

阅图纸打分投票的方式，改为网上投稿与评委网上评分的方式。评委由原来的9人扩充为来自全国各大建筑院校的78位专家学者。评委的扩容和打分与评语并行的制度，使得作品评阅更加清晰透明。学生能够过通过网络阅读自己和所有其他学生作品的分值和评语，同时投稿网络允许老师和学生们建立线下交流。在这个意义上，建筑新人赛又提供了一个自由交流的虚拟平台。

建构新机制、发现新人才、探索新未来是"新人赛"的根本内涵。"东南·中国建筑新人赛"在不断完善自己，每年以新的面貌迎接建筑新人们。希望更多的建筑学子集结到这个舞台，发现自己，展示自己，祝愿新人们通往理想的道路更加宽阔。

中国建筑新人赛总策划，东南大学建筑学院副教授　唐芃

目 录

写在前面

怀着开放的心，找到属于你的位置

当我们还是"新人"时，面对的社会背景、学院的办学条件与现在很不一样。印象中，我二年级时进了期刊室，还没办法看懂那些外文期刊上很复杂的平面、剖面呢（笑）。因为信息流通比较慢，所以差不多要到高年级才有机会接触到更多的信息。在关于建筑的理解上，跟现在新一代同学有很大差异。我们那个年代的一个特点是通过"画"来学建筑，而现在有很多媒介去学习，比如模型制作已经是家常便饭的教学介质。

虽然环境与方式都有很大差异，可是我觉得有一点是一样的，学这个专业的人很快都会喜欢它，心里有很多憧憬，有创作的激情。

再谈谈对于新人赛的印象，首先，它的关键点在于突出"新"，进而突出"新人"。新人赛的确很有新意，采用一种非常开放的组织方式，有不同地区、不同院校，甚至不同国度之间的交流。新人赛作品从征集、评审到呈现，整个过程的策划非常注重人与人之间的交互——赛手之间有很多机会互相交流，与评委老师之间也有很好的互动，还有一些延伸性的学术活动。相比于纯粹的封闭式的赛事，这些是新人赛突出的特点。

当然更鲜明的是"新人"，因为它直接面向的是学习建筑的同学，他们是建筑行业未来的新生力量，所以这个赛事是面向未来、为未来做准备的。我们可以透过新人赛去呈现出未来新一代的建筑师，看他们用什么方式去打造自己的前途。这是我理解的"新人赛"的内涵。

新人赛对于学生的意义不言而喻，而且它还能够带动我们思考教学怎样才能做得更好。教学要抓两样东西：一个是不会随着社会与时代表面的东西发生变化而改变的基本功，这一块是需要沉淀的；另外一个很重要的方向与维度就是要催生、激发、培植面对未来复杂问题与多变状态的创造性的意识和创造性的方法，一定不能把我们教育对象的思维固化起来。这在教学中显得非常重要。

新人赛中，大家的想法非常多样，但好的作品往往都表现出非常扎实的功底，而好功底如何才能打动人——这就要看它独特的思维能力，能不能关注到一些特别的问题，或者是对于现有问题特别的解决方式，一种个人的、个性的、探索性的解决方式。评选中对这些方面的关注，也是引导教学对此的重视与把握平衡。

新人赛究竟体现出了当下建筑教学的什么趋势，是否能暗示某种未来的状态——这很难用一个确定的结果来衡量。首先，赛事是根据教学成果，展示不同地区背景下的不同学校做设计以及设计教育的姿态；他们各自关注的点是不一样的，即便关注的内涵与对象差不多，但实践的方法也可能不一样。

新人赛的特色还在于展现个性。社会和受众需求都是多元的，往往最终作品会表现为使用者和创作者之间的互动。建筑师给予某种空间形态，使用者对这种空间形态提出自己的要求，最后是这两种力量结合起来达到最终作品的完善。我们关注时代背景下的主题，比如可持续性发展、节能、绿色或者人文等，可是它们表现在建筑作品中具体是什么？对于一个小的行为、一个小的活动、一个小的空间需求意味着什么，每个人的理解是不一样的。所以要求同存异，可能大的价值观会有类似性，它能体现整个社会的人文关怀、技术价值的判断，但对于一个具体项目的表现来说，其实现的渠道差异非常大。

我希望新人赛展现出更多的探索性，去激励这个行业的新一代人才，去思考他们对于学科基本问题的理解和真正的创造性。希望参赛的学生和评委都能够保持一种开放的心态，不要过多地把过去的经验固化起来，以此作为观察和评价这些作品的一个准则，更多地思考未来我们会面临什么局面，能不能透过这些活动去关注、捕捉未来的一些特征。新人一定是为未来培养的，不是为过去，也不是为当下，新人赛要看到未来。

改革开放三十多年来，中国的建设量非常大，新建

工程非常多，所以学生作业大部分都是新场地、新建筑，是完整的新建项目。但实际上这并不是城镇化实践的全部，更不是人类生活需求的全部。未来会出现更多的对于既有建筑、既有城市环境的修补，见缝插针的完善或者是环境的改造和优化，并不一定表现为一个完整的新建筑。这种状况要求建筑师有更准确的判断力、更扎实的处理问题的技能，以及社会实践能力。事实上，城市既有环境的改造和在新城里新建一个项目相比，前者会面临更多的社会实践问题，要求建筑师的能力更综合，同时也更有挑战性。

现在建筑行业内似乎弥漫着一股唱衰的格调，质疑我们自己的能力与未来。我认为这个灰暗的情绪并不足取。问题的本质不是"衰败"，而是"转型"，是呼应新需求的产生！新建筑还会有，城乡发展还会继续。国内不同地区的城市发展是不平衡的，大城市、中小城市、集镇，有着各自不同的发展进程和状态，表现出的差异性很大。还有既有环境和新区域的拓展问题，人工环境应该怎么做、自然环境应该怎么处理，它们之间如何形成一个可持续的关系。绿色城市、生态城市的探讨，都与建筑行业的发展紧密相联。

那么，建筑师未来真正的变化在哪里？视野要更开阔，知识要更多元，不能只有设计技能，局限于工科生的思维，局限于我们常说的"技术加艺术"。未来建筑师的能力必须是综合的，关注社会活动，具备多元力量，要求更强的社会实践能力。

建筑学科的内涵一方面要回溯它的初衷——致力于人的生存环境的优化，并且是在人的需求和自然环境可以相得益彰的状态下的一种优化。有的时候它表现为一种建筑实体，有的表现为建筑的某一个部分，比如室内改造，或是一个旧建筑的利用，或是建筑与建筑之间关系的优化……建筑师可以去做生活器皿的设计，可以做商业展示空间的设计，甚至可以去做服装设计，这些内容的内涵都在建筑学基本的架构之下。建筑师的前途是非常光明的，但是这有一个前提——一定要带有开放的心态，顺应时代的变化，跟社会需求之间找到一种对应，找到自己的位置，而不要将前人的职业状态固化成我们新一代建筑师的职业状态。所以我们的机会不是少了，而是多了。可能现在意识到这样一种局面的人还不够多，或者对这种意识理解的程度可能还有很大的不足。视野的局限性会导致不准确的判断，所以我们的教学也要面对未来的情况去改革。我们要赋予学生什么样的视野与能力，在新的状况下，职业技能的内涵哪些坚持，哪些可能发生变化，这些都是教学上需要探讨的。我们具备了建筑学的基本技能，更要注重的是与需求之间的对位。希望大家都有非常好的前途，找到实现自己理想的适宜方式。

在快乐的心态下，体会新的内涵。这是我对这个赛事的祝福。

韩冬青

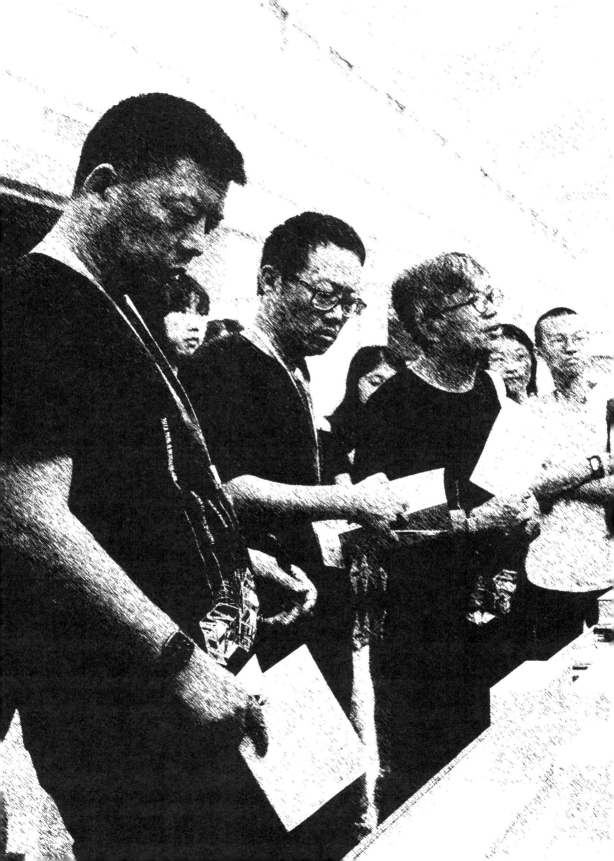

评委寄语

新人赛评委简介

陈 凌

维思平建筑设计创始人之一、主设计师、董事。1990 年毕业于武汉工业大学，此后赴巴黎第一建筑学院（原巴黎美术学院）学习，1999 年加盟维思平。2005 年当选中国十大新锐建筑师，国际华裔建筑师俱乐部创始人之一，住房保障和公共住房政策委员会中国住房保障专家组成员，深圳市规划和国土资源委员会专家组成员，2015 河南省绿色保障性住房设计竞赛评委，全经联商学院实战讲师。至今参与百项建筑设计项目，其"行走城市"理念被众多权威媒体刊载。

获奖包括：2015 READesign 设计奖，2014 International Property Awards，2014 筑巢奖金奖，2014 WA 中国建筑奖居住贡献奖，2014 金外滩奖，2013 世界建筑新闻（WAN）住宅奖，2012 城市贡献奖，2012 AR+D Emerging Designer，2009 芝加哥国际建筑奖，2005 德国 Bauwelt Prize，2004 WA 中国建筑奖，2004 中国建筑艺术奖、最佳人居环境设计奖，2006 建筑设计创新楼盘奖、规划创新楼盘奖，2006 年度百年建筑优秀作品奖规划设计大奖、单体设计大奖、建筑风格创作设计优秀奖。

代表作品：天津老城厢规划，上海国际汽车城规划，深圳金地梅陇镇，北京金茂府，苏州融域，合肥新地中心，武汉融科天城，北京卡尔生活馆，北京亚运新新生活会所，首都国际机场朗豪、希尔顿酒店，石家庄太阳城，武汉风华天城，郑州天一大厦等。

陈凌老师采访录

Q：记者　　A：陈凌老师

Q：陈凌老师您好，今天早上您看了这么多的参赛作品，您觉得这次新人赛的作品怎么样呢？

A：首先我觉得这是一个非常好的体验，可以看到大家这么多的想法，有很多好的作品。但是还是希望大家能够更多关注城市的问题，简单讲是建筑跟周边的关系，更重要的是建筑在城市中的意义，而不是局限在建筑本身。虽然是低年级，但是我个人觉得这个建筑的起点应该从城市开始，这是一个最根本的起点。城市比一个建筑单体要综合复杂。

Q：那您是觉得今天很多作品会比较脱离我们的城市环境吗？

A：对，我看到很多模型看起来很漂亮，但是往往只表达自己，和周围的环境没有关系。空间可能很丰富，但是一层都是围墙，不开窗不开门，和周围环境没有关系。这反映了作者思考的出发点，不是站在城市的角度去设计的，而只是考虑房子本身交通怎么组织、空间是什么样的。城市里面空间应该是连续的，关注城市空间，也是真正关注人的行为，因为人的行为不是孤立的。但是我看到大部分都只是在做自己的这一块，很少考虑到跟周边的关系。

Q：您对之后的新人赛有什么寄语与期待吗？

A：我们应该更加关注城市，建筑如何发展其实是建立在城市的根基上的。如果大家都有城市的意识，知道怎么从城市的角度去思考建筑，那么中国的城市环境就会更好了。中国现在经济的发展包括城市的发展看起来很像一个发达国家，但是你落地以后，站在街上看，其实是非常糟糕的，因为城市是割裂的，建筑也一样。当然，从新人角度来讲，我们鼓励你们有更开拓思维的设计，有不同的观点，包括对建筑观的讨论。

新人赛评委简介

黄居正

1965年出生

1982年入学南京工学院建筑系（学士）

1992年入学日本筑波大学艺术研究科建筑学（硕士）

2004年澳大利亚新南威尔士大学访问学者

2008年担任《南方建筑》杂志编委

2013年担任《世界建筑》杂志编委

2014年任教北京建筑大学ADA中心客座教授

现任《建筑师》杂志主编

中央美术学院建筑学院客座教授

20世纪以来，建筑生产的场所发生了根本的变化，建筑从实际建造的场所，向出版物、展览会、设计竞赛、杂志、网络等外在的非物质场所转移，媒体成为建筑观念建构和散布的重要途径。黄居正认为，主动地介入当下，是一种必然的选择。2004年，在中华世纪坛艺术馆，黄居正策展了《中国青年建筑师8人展》；2010年，在方家胡同46号院，为家琨建筑设计事务所、都市实践建筑设计事务所、MADA建筑设计事务所策展了《东西南北中——十年的三个民间叙事》。黄居正也被多所院校邀为客座教授，参与到多个学校的教学中，并且每年在北京建筑大学ADA中心开设系列公开讲座。十几年来，结合教学相长中的心得，在《建筑学报》《世界建筑》《新建筑》《城市·空间·设计》等刊物上发表了《重话柯布》《消隐的"盒子"》《建筑本体的"复权"》《平常建筑，小题大做——对谈阿尔瓦·阿尔托和他的设计作品》《拉图雷特修道院建筑中的互文性》等十几篇学术论文，同时编著出版了《大师作品2：美国现代主义独体住宅》《大师作品3：现代建筑在日本》。

黄居正老师采访录

Q：记者　　A：黄居正老师

Q：我们知道 2013 年您也参加过新人赛，觉得这两届的作品有什么不一样吗？

A：坦率说，我觉得可能总体 2013 年的水平相对来说高一点。

Q：如果今年的作品中要让您选一个最为喜爱、印象深刻的，您会选择哪个？

A：我想我还是会选择大一的选手林雨岚的《从茶到室》。理由只有一个：简单，因而直击人心。她把那种还没有被教育所压制的东西，一种原初的本性爆发了出来。虽然她在做PPT解说时阐述得并不充分——关于茶和人生的体悟似乎有点牵强，实际上，她只是把儿时的记忆或者是某种意向表达出来了，非常真实。下沉进入茶室，将人的姿态放低，麦穗就种在视平线以上，我们似乎能够想象到人们走进她的茶室，看不见麦田的风景却能听到阵阵麦浪拍打的声音，闻得到阵阵麦香时受到的震撼。

Q：这些新人赛的作品和您以往接触到的成熟设计师做的方案相比，有什么不一样？

A：一个方面是概念贯彻的程度，我们平时做设计，一开始都会有一个概念，但是这个概念能不能在最后的图纸、模型表达中完整地表现出来？很多学生，往往做方案做到后面，概念就跑偏了，或者是不知道怎么表达，这是一类困境。另一个方面，比如现在我们会去看一些成熟设计师做的作品，那我们为什么要选择去看这些好的作品呢？或者说看完之后我们觉得好在什么地方？这些作品与学生作业有个很大的不同——作品都建造在真实的场地中，周围的环境构成了这个作品成立的条件。就像我对第一个方案评价的时候提到的，学生要学会如何阅读基地。往往学生做课程设计的时候，不太会考虑真正去了解基地，并将基地信息反馈到方案中去。还有一个重点是对空间的解读，对学生而言，学校教育主要是教基本的方法，包括对基地和空间构成的理解，你能不能把空间做得特别有意思、有节奏感。有一些参赛作品，空间构成虽然简单，但是其延伸出来的让人产生想象的空间构成还是让人觉得非常可贵。

Q：所以，您觉得在本科的前阶段，最重要的事情是什么呢？

A：还是要多走出去看看。如果你做一个社区养老中心，你都没有见过老人生活是一个怎样的状态，又怎么能为他们营造出一个好的空间呢？在本科的前阶段一定要多出去看看，学会观察各种类型的建筑和城市，体验不一样的生活。即使你成为了一个建筑师，在前期不成熟的时候，也会有一些模仿，吸收好的经验。成为大师的过程一定不是一蹴而就的，所以体验就显得尤为重要。当你把自己的身体扔到了空间中去体验，除了心理上的量，物理上量的认知也是同等重要的。

Q：这次最后的一票投给了作品《巷里巷外》——为背包客设计的旅店。在评审过程中您也提到了早年自己的背包客经历，这对您今后的生活或者设计有什么影响？

A：实际上，我的背包客经历还是源于对民居的喜爱。民居都是实实在在的，完全是为了满足自己的生活需要而建造的，虽然也有一些形式、装饰的东西，但都是基于原始的表达。其实我们看房子不一定要去看那些特别高大上、特别具纪念性的，在民居中你能看到他们对基地的处理、对空间的处理非常地有意思，这些经验都是值得借鉴的。

现在民居保留得相对好一些的都在偏远的地方，没有被过度开发过的地方，我去的时候，条件很艰苦，基本没有公共交通，靠的是步行，好一点的，有拖拉机、摩托车。在途中能够遇到很多有意思的人，包括有些还在上学的大学生、年龄很小的女孩，自个儿背个大包，和他们相比，我只能算一个伪背包客。旅途中的奇遇是很奇妙的，超越了年龄、职业、社会地位。

Q：怎么评价形式和空间的关系？

A：推崇简单的形式，然后从简单的形式中玩出复杂性来，这才是训练的主要目的，也是一个好建筑的评价标准之一。

新人赛评委简介

刘家琨

家琨建筑设计事务所创始人，主持建筑师。

家琨建筑设计事务所成立于 1999 年，组织和参与多项国际建筑合作、展览和交流项目。项目业主分布于中国各地及欧洲国家，涵盖项目策划、城市设计、建筑设计、景观设计、室内设计、产品设计及当代艺术创作。企业理念：与自然共生；尊重历史，关注现实；向民间智慧学习；此时此地，因地制宜的现实精神；致力于东方意蕴的当代建筑诠释。

刘家琨主持设计的作品被选送参加德中文化年"土木——中国青年建筑师展"、法中文化年"中国新建筑展"、荷兰 NAI 中国当代建筑展、俄中文化年展、意大利帕尔马建筑节展、索菲亚建筑周展、威尼斯建筑双年展等国际展览。曾获得亚洲建协荣誉奖、2003 中国建筑艺术奖、建筑实录中国奖、远东建筑奖、中国建筑学会建筑创作大奖，首届奥迪艺术与设计大奖等，作品在《A+U》《AV》《Area》《Domus》《MADE IN CHINA》《AR》《GA》等发表，并应邀在美国麻省理工学院、美国南加州大学、英国皇家艺术学院、巴黎夏佑宫，以及中国大陆和港澳台地区多所大学开办讲座。多年来在再生砖研究中取得丰硕成果。

主要作品：

1. 鹿野苑石刻艺术博物馆，中国成都，2002
2. 四川美术学院新校区设计艺术馆，中国重庆，2006
3. 安仁建川博物馆聚落——章·钟·印博物馆，中国成都，2007
4. 胡慧姗纪念馆，中国成都，2009
5. 成都当代美术馆，中国成都，2010
6. 水井街酒坊遗址博物馆，中国成都，2013
7. 西村·贝森大院，中国成都，2014

鹿野苑石刻艺术博物馆

四川美术学院新校区设计艺术馆

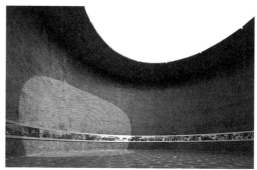

安仁建川博物馆聚落——章·钟·印博物馆

再生砖样品

胡慧姗纪念馆

成都当代美术馆

水井街酒坊遗址博物馆

刘家琨老师采访录

Q：记者　　A：刘家琨老师

Q：对于最终三强之一的十三公寓您怎么看？

A：做得比较干净，十三公寓很有潜力。

Q：为什么其他学校同学可以做得这么好？

A：你们学校肯定特别讲究规矩，因为学校本身传统比较深厚，各有各的好。

Q：有很多作品我们学生感觉很酷炫，最后却没有得奖，您怎么看？

A：我们没有特别关注他的形式，而是更多地注重他的结果。像我们非校内的，我们看结果。这个竞赛的终极目的并不是哪几个人得奖，最重要的是推动教学，所以我们不是看他是几年级的，但是对学校来讲就能得出判断。

Q：新人赛在众多竞赛中应算另类的，加入了现场答辩等其他竞赛所没有的环节，对此您怎么评价？

A：这个答辩挺好的。有这个陈述环节，其实有些你觉得好、有意思，但是你要知道这个真的是他自己做出来的吗？还是瞎猫碰个死耗子？我本来也是想鼓励一下基本功、基本尺度等能力，但是学生竞赛确实不是这个方向，而是需要对社会的关注，或者有特殊的表达等。

大一的那个更原始，更加本真直接，虽然这么小的一块场地做不出那种感觉来，但是这个作品其实是她以前的经验和记忆在起作用，有点像拿这个 tea house 在表达，但不管怎么样她做了一个很单纯的只有几招的作品，你看她画的那个图还是有感觉和氛围的，这个方案进三强大家反倒是都同意的，都有一定的感触。因为不是每一件事情都能说清楚的，设计还是需要一些原始的能力，你当然也可以和个人的经验及感情发生联系，这都是很可贵的事情。初级或者是晚期都有可能发生这样的状况，而中间学了很多知识反而就会干不了这种事情。

Q：您觉得我们学生做出来的作品和大师相比有什么不同吗？

A：你看毕加索画的那个小孩，那个小孩是本真地表达出来的，你看大师之后的画到那个境界，他已经不是一个素人了，到最后他又回到之前的境界，那是更高级的一个阶段。

Q：很多同学没得奖觉得很意外，甚至有点不太开心，您怎么看？

A：得奖不得奖确实没这么重要，因为这个还取决于谁是评委，总体看来选出三个就已经很困难了。

Q：您觉得学生竞赛最重要的特质是什么？

A：学生竞赛不必做得那么成熟，你只要是要么有感觉，要么有挑战性，或者是一些别开生面的想法和关注点，都有可能出彩。有那么一些同学就是会搞出一些与众不同的设计，打破常规。这是受鼓励的，但前提是不要瞎弄。

Q：答辩在最终的评判上很重要吗？

A：也是挺重要的。九强里面有一些是答辩的时候自己把自己给说下去的，这也是新人赛比较好的方面。有些东西是听了答辩才会知道的，答辩也能听出来真的水准。

西村·贝森大院

新人赛评委简介

单 军

清华大学建筑学院副院长、教授、博士生导师，院学位评定委员会主席，校学位评定委员会委员，校教学委员会委员，清华大学建筑设计研究院副总建筑师，单军工作室主持建筑师。

中国建筑学会理事、资深会员，中国建筑学会建筑师分会副理事长、地区建筑专业委员会主任，中国建筑学会建筑教育评估分会常务理事，中国民族建筑研究会副会长，中国勘察设计协会传统建筑分会副会长，中国美术家协会建筑艺术委员会委员，《世界建筑》《中国建筑教育》《城市环境设计》等杂志编委。

长期致力于地域建筑及乡土建筑的研究与实践。主持多项国家自然科学基金和教育部博士点基金等国家级课题，出版《建筑与城市的地区性》《地区建筑学系列研究丛书》《东方建筑》等多部著作，在国内外会议及学术刊物上发表论文50余篇。

获中国建筑学会建筑教育奖 (2014)、中国建筑学会建筑创作金奖 (2014)、芝加哥国际建筑奖 (2014)、国际建筑联盟奖 (2014)、全国优秀工程勘察设计行业奖一等奖 (2013)、教育部优秀工程设计奖一等奖 (2013)、WA 中国建筑奖入围奖 (2010)、全国百篇优秀博士论文奖 (2004) 等国内外奖项。

参加南非"第二十五届世界建筑师大会中国建筑展"、法国"造 / 建筑中国"展、英国"从北京到伦敦 / 中国当代建筑展"、意大利"向东方 / 中国建筑展"、德国"建筑中国 100 作品"展及"后实验时代的中国地域建筑"展等国际性展览。

单军老师采访录

Q：记者　　　A：单军老师

Q：新人赛作品给您留下了什么样的印象？您觉得新人赛和国内其他建筑竞赛相比有什么特点吗？

A：我觉得新人赛的作品都挺好的，总体上整体水准比较齐，水准挺高的，设计挺有深度。虽然葛明老师对上去答辩的选手都提出了更高的要求，但是作为低年级的同学，大家的表现都还挺不错的。我参加过一些全国性的建筑竞赛，"霍普杯"的水平还是不错的。就新人赛来说，首先，对图纸的要求和教学贴得很紧，有教案，有问题，而且针对低年级的学生。这样一来它和教学的相互促进作用很大。而且，这个竞赛比较重视基本功，对模型很重视，对基本图纸很重视，这一点，我觉得非常好。我觉得做建筑就要做模型，而不是一个很大的话题，在那里泛泛而谈。还有学建筑除了老师点拨，同龄人之间的交流特别重要、不同学校间的交流特别重要，这对学生非常有益。这个竞赛把这种交流扩展到全国许多优秀的建筑院校之间，这一点是特别好的。

Q：参加新人赛的都是建筑一、二、三年级的同学，这就意味着大家对于建筑学的学习才刚刚起步。那么您觉得在我们今后漫长的建筑师生涯中，这最初的两三年意味着什么呢？

A：我觉得这两三年说重要,也很重要;说没那么重要,也没那么重要。说重要呢,"万事开头难"，一开始的几年是打基础，逐渐树立对建筑的一个基本观念，虽然这个观念可能在之后的建筑师生涯中有所变化，但是一开始树立正确的观念、思考方式还是很重要的。又说不那么重要呢，是因为建筑师是一个漫长的职业生涯，是一个长跑，对知识的汲取不是一蹴而就的，除了个别人有点"gift"（天赋），大多数人呢，还是在不断的学习中慢慢地掌握做建筑的方法。不一定起跑慢的就赶不上起跑快的，也并不意味着"开窍早"就一定能达到很高的高度。大家（在学习中）有不同的阶段，这个快慢不是决定性的，从漫长的职业生涯来看，有热爱有耐力能坚持，才能学好建筑，做好建筑。所以说一定要在这两方面做一个平衡:既要打好基础，也不能着急，急功近利。

Q：您在大学期间有没有什么好的学习方法，使得您在之后的工作中一直受益呢？

A：其实就是我们讲的"笨办法"，要多花时间，要"杀鸡用牛刀"，全身心地投入，慢慢（把全身心地投入）变成习惯。要有所热爱，这样才能愿意投入，不然的话会把这种投入当作一种负担。要不断练习、不断思考，才会有"妙手偶得"，不可能坐在那里想着想着，就被馅饼砸中的。另外，还要保持对城市、对社会的敏感度，关注身边的事情，要多思考，保持广泛的涉猎。知识面不能窄，既要"专"又要"广"。

Q：您觉得规范化的建筑教育对于建筑新人来说意味着什么？

A：新人可能有热情，日常事物能激发出他的灵感，就可以创作出纯粹的、可贵的、打动人的作品。可是随着他对社会的认知、人生的了解更加深入，他肯定有些东西能了解得更深。我们教学中也常常发现，有时候一年级"一张白纸"般的同学做出来的东西，反而比经过两三年建筑教育后做出来的东西更加纯粹，更能打动人。那这样的话建筑教育是不是失败了？我觉得不是这样的。建筑教育必须扩大（学生）对建筑的认知。有创作冲动，有本心，有感觉，这（些）都非常珍贵，但是这些只是最朴素的感觉，当面对一个更大的建筑问题时是把握不住的，需要专业知识和理性思考，这个就是建筑教育能带给人的。所以说感性和理性要平衡好，不能抹杀艺术直觉，但是也要保持理性思考。

新人赛评委简介

吴　钢

　　维思平建筑设计创始人之一、董事总经理、主设计师。同济大学建筑学硕士，德国卡尔斯鲁大学建筑学硕士。亚洲建筑师协会会员，国际华裔建筑师俱乐部创始人之一，中国最具影响力的建筑大师之一。

　　吴钢先生于 1996 年在德国慕尼黑创立的维思平（WSP ARCHITECTS）是一家以创新为导向的国际化建筑设计机构，具备甲级建筑设计资质，是中国十大国际建筑设计机构之一，中国建筑设计领域一流品牌。在他的带领下，维思平在全球超过 40 个城市已建成超过 300 项建筑精品，以"专业优势、非凡创造力、先锋设计理念"获得了公众和学术界的广泛认可，荣获包括建筑界奥斯卡之称的欧洲杰出建筑师论坛建筑奖（绿叶奖）、WA 中国建筑奖、WAF 世界建筑节奖、美国芝加哥国际建筑奖在内的 80 余项国内外建筑大奖。

　　吴钢先生的作品及论文广泛刊登于国内外学术刊物和公共媒体上，并在 2014 年"北京设计周"、2013 年"中欧博览会"、2012 年"米兰三年展"、2012 年"伦敦当代中国建筑展"、2008 年"荷兰设计周"、2004 年"中国国际建筑艺术双年展"、2003 年德国杜塞尔多市"中国当代建筑展"等 40 多个国际展览上展出。

　　吴钢先生热心于公益，他在 2012 年捐助并设计建造的黄山双龙休宁小学挽救了濒临失学的儿童，开创了可持续发展的公益援建新模式。他也执教于香港中文大学、东南大学等著名建筑学府，是北京、深圳、株洲、张家口等中国重要地区的规划局专家库成员，中国城市设计专业学术委员会成员，全国房地产经理人联盟创新讲师。

吴钢老师采访录

Q：记者　　A：吴钢老师

Q：吴钢老师，就您今天看展览的感受，您觉得这次新人赛的作品怎么样？

A：我觉得是有很多很新颖的想法的。我自己也在不同的学校教学和带研究生，我觉得这次大家在空间的形态以及创作空间形态的方法上都做得很好。我希望明天的评委能够从中挑出一些更前沿的，能够对未来的空间形态及其研究有指导性的作品。

Q：今天下午的讲座中葛明老师提到，请您来演讲的很大一个原因是因为您是德语派的建筑师，您能跟我们解释一下德语派这个东西吗？

A：东大是一个有很多独有的学术和设计观点的学校，它非常像一个欧洲的学校。有很多大学的建筑系是没有自己的主张的。我非常认可东大的一套教学体系，它和瑞士、德国、奥地利这些德语系的整体建筑观有很多相通的地方。

Q：今年是新人赛第三年举办了，您前两年知道这个赛事吗？

A：前两年不知道有这个赛事，但是今天，看到大家这么有热情，我觉得还是非常好的事。一个国家，应该由我们的学术团体组织一些针对青年学生的，能够引导建筑教学的赛事，而不仅仅是由媒体来举办。从今天的一些作业上来看，他们在自己的设计中已经体现出很高的素质了！

Q：新人赛和很多赛事不一样的一点就是它的题目是不固定的，参赛作品是直接从学生的作业里挑选出的，那您觉得这样的话对于评判标准会不会有点不公平呢？

A：完全不会。我觉得这种方法反而能够更好地产生出优胜者。如果选择一个题目大家去做，一个是给学生带来额外的工作量，另外也使得结果显得不太真实，因为很多学生可能是为了做竞赛而做。我们知道，建筑不是来做竞赛的，建筑是最后要被实地建造起来、去被人感受且使用的一种艺术，所以在平时作业中所流露出来的思想才是更自然的。

Q：您对新人赛有没有什么寄语和期待呢？

A：我可以感到长江后浪推前浪的时代真的到来了，中国经过三十多年的快速发展，现在城市和建筑的质量都处于一种比较差的状态中，所以我们社会非常需要好的设计，真心地祝愿这些新人们能够发挥出长江后浪推前浪的作用。

优秀作品

CHINA

2015 东南·建筑新人赛 BEST 3

周星宇

东南大学建筑学院
建筑系三年级
指导教师：徐小东

街巷间——社区养老服务中心

任务书介绍

我国老龄化的速度越来越快，但是针对老年人的服务设施却没能及时跟上。老人由于生理机能的退化，导致行动能力减弱，心理需求加大，更需要为他们提供有针对性的帮助。这次选题为社区养老服务中心，主要针对城市中的老年人，在解决城市问题前提下满足老年人的需求，并帮助其融入社会。

指导教师点评

在教学过程中的头脑风暴环节，大家对社区养老、老年人需求等畅所欲言，小伙伴们的讨论最后凝练为"现实生活中孤独寂寞与渴望交流"，这无疑也是解题的关键所在。周星宇同学的设计从"街道"这一最为常见的公共空间原型入手，在城市与社区环境之间巧妙地引入一条斜切的街道，联接了城市、社区与附近的幼儿园，使之成为一个能够发生故事的地方，给不同的人群提供了聚集、邂逅的场所，让老人感到生命的活力。精心刻画的公共空间，简洁合理的流线组织，清新淡雅的建筑气质，无疑令人耳目一新。

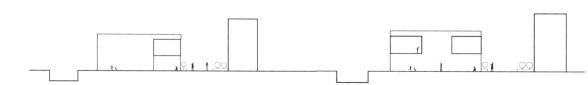

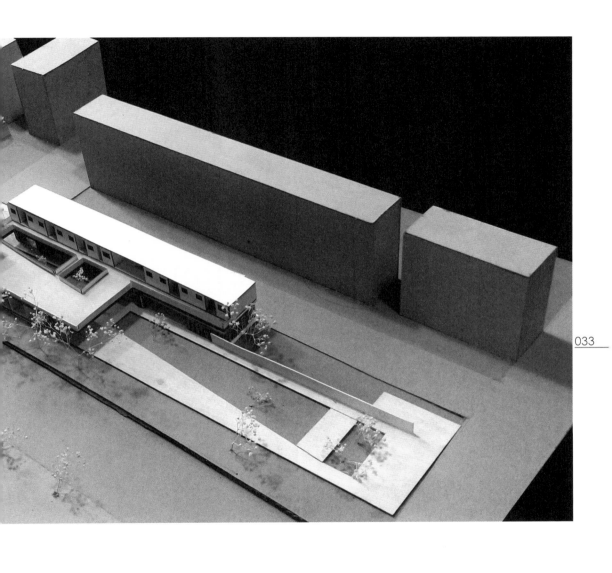

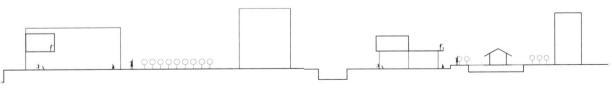

基地环境分析

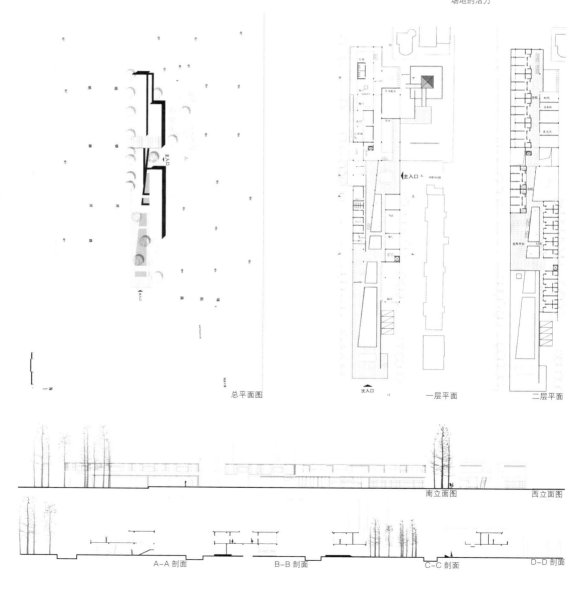

幼儿园
缺陷：儿童活动场地被城
市压缩
可能性：为儿童与老年人
创造交流活动场所

巷道
缺陷：D/H 较为适中，但界面
较为封闭，邻里活动少
可能性：创造自由界面

花园
缺陷：有场地却没有人活
动
可能性：通过改变出入口
指引人流方向，进而激发
场地的活力

总平面图

主入口

次入口

一层平面

二层平面

南立面图

西立面图

A-A 剖面

B-B 剖面

C-C 剖面

D-D 剖面

设计说明

　　建筑的初衷是用来解决现有问题的。既然是社区养老服务中心，那么最为重要的就是老人的感受。在与养老院的老人进行交流后，发现老人缺乏归属感，渴望与人交流。通过场景激发老人交谈是方案的主要出发点。

　　场景的营造需要人的参与，基地北侧为养老社区，主要是老年人居住，也是这个服务中心的主要服务对象。社区与基地相隔一个小广场，由于规划失误，广场上基本没人，处于半荒废状态。基地的东面有个幼儿园，由于城市用地紧张，幼儿园并没有太大的活动场地，如果能将小朋友的活动引入到基地当中，那又将提供交流的另一种可能性。因而设计考虑将两股人流引入到基地当中，形成一个交流集聚点。

　　有人之后就要考虑如何组织人流并且创造出交流可能性。这里引入了街区的概念，力求形成小型的社会活动区域。因为街道环境相对安逸，偶然的相遇和随意的招呼可以让人心情愉悦。斜向的街道更具指引性，一二层形成通高空间，使交流变得有层次。在东面临近街道的地方将空间空出作为城市广场，缓解城市的紧张感，同时提供小朋友活动的场所。

空间透视

CHINA

2015 东南·建筑新人赛 BEST 3

钱漪远

清华大学建筑学院
建筑系三年级
指导教师：齐 欣

十三公寓加改建

任务书介绍

　　扩张型的大规模建造已进入尾声，而地球接着转，城市到处有，人要继续活，房子还得盖。终于，我们离开了始发站，开始为现在经营过去，为未来准备曾经。城市是一个在不断变革的躯体，每一代人的设计都是一个逗号。如何在前人写下的句子后面填词，如何在一张非白纸上画出最新最美的图画，是这个题目的关切。

　　兵营式的多层住宅布局遍及大江南北，这一简单的格式为来者预留了无限的可能。清华园里的十三公寓就处在这一格局中，也曾经历过局部的改造，但仍在建筑组群中显得最小最矮，从而奠定了厚积薄发的基础。

　　【要求】通过一个单体建筑的加改建，激活一个社区，使其整体风貌和生活质量有所提升。加建出的建筑面积不小于现状，主要为泛居住功能，可配置不大于 30% 新添建筑面积的社区公共服务功能。扩建后的十三公寓不可影响周边建筑的日照和交通，加出的建筑部分在有依据的前提下可规避日照规范，用地范围自定。

1 将闲置在空旷场地的树木纳入私家院落
—— 化大为小，营造宜人的社区氛围

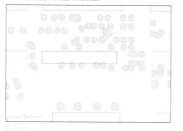
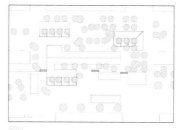

Before　　　　　　　　After

2 对僵硬的行列式格局的化解
—— 围合出小的广场，山墙从负空间变为院落尽头

Before

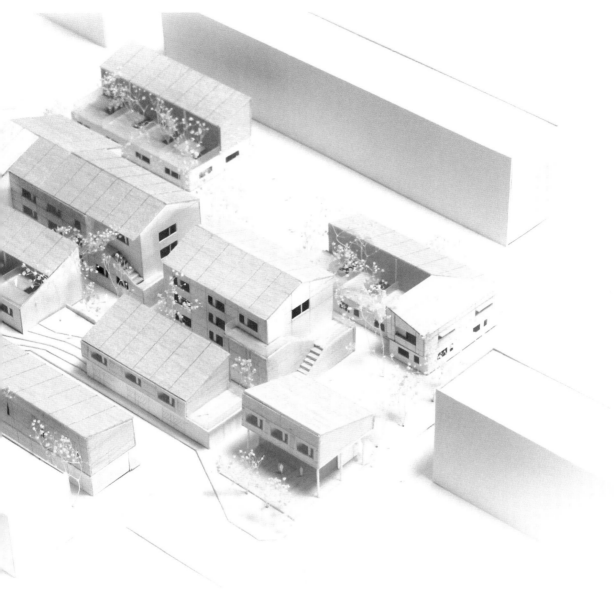

3 被动、僵硬姿态的突破

——坡屋顶的总体走势体现了对十三公寓的历史地位的尊重

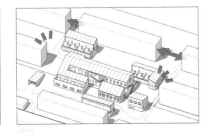

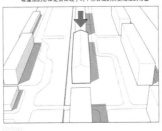

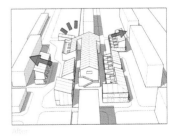

现状—旧建筑立面、平面

12m   北立面

1m
9m

首层平面

十三公寓

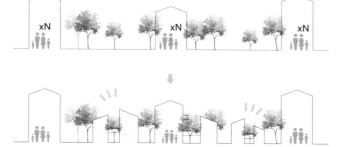

xN   xN   xN

原场地
· 楼间距大，场地空旷荒凉
· 杂草丛生，但树木枝繁叶茂
· 大家庭生活在小户型中

改建后的设想
· 将原有空旷场地划为多个大大小小的院落
· 树木被保留，纳入私家庭院或是小巷
· 人们生活在以旧公寓为核心的"群落"中

首层平面图

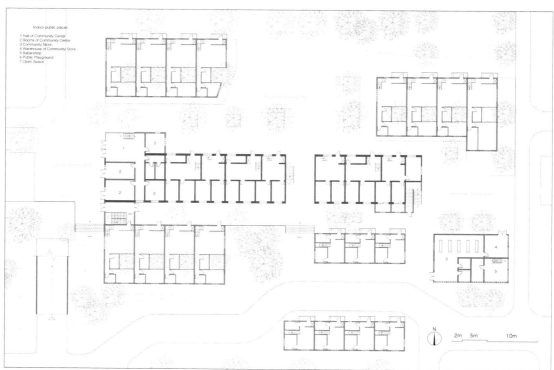

Indoor public places
1 Hall of Community Center
2 Rooms of Community Center
3 Community Store
4 Warehouse of Community Store
5 Babershop
6 Public Playground
7 Open Space

N

2m 5m   10m

设计说明

　　我国大江南北遍布着上个世纪大量建造的兵营式住宅，十三公寓便是其中之一。

　　设计从场地入手，抓住其两个特点：第一，场地中有着茂盛的树木，但这个显著的优势并没有被利用起来；第二，兵营式的格局看似呆滞、死板，但实际上有着极大的空间潜力。

　　对策十分明确：以十三公寓为中心生长出尺度宜人的群落。将闲置在空旷场地上的树木纳入私家的院落；同时新生长出的体量通过围合、引导，激活了原本的城市负空间，将场地充分利用，兵营式格局得到了化解。

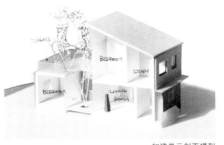

加建单元剖面模型

单元平面图

人视点：安静宜人的院落氛围

原有的空场地被划分为院落与巷子

首层平面图

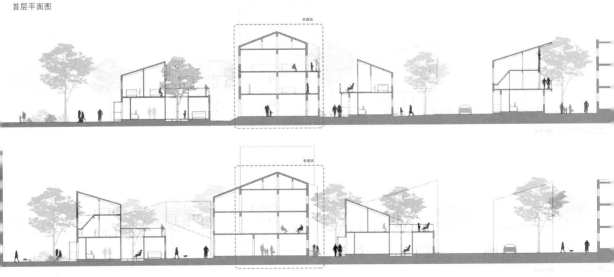

2015 东南·建筑新人赛 BEST 3

林雨岚

西安建筑科技大学建筑学院
建筑系一年级
指导教师：何彦刚

从茶到室·兜兜转转总是家

任务书介绍

    设计题目为"从茶到室"，即从"茶的认知"到"室的设计"。基地设置在贾平凹文学艺术馆的后院，茶室的长、宽、高均被限定在 3 米以内。具体的教学环节分为两步：第一步，分别针对"茶""情境要素""人体尺度"以及"基地环境"四个内容进行认知体验；第二步，结合"认知"成果，回归自己的生命经验与想象，呈现心意，完成设计。

指导教师点评

    林雨岚从自身出发，为自己设计一座茶室，这是一种本真的心意呈现，设计背后所容纳的场景很动人。同时，为了实现这个动人的场景所选择的环境策略、空间手段以及材料语言都单纯且恰当，呈现出一种朴素的味道。也正是因为朴素，这种特有的情感和氛围才能扑面而来。

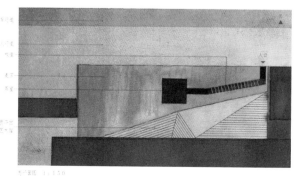

从茶到室·生普洱·兜兜转转总是家
DESIGN OF TEA HOUSE · RAW PUERH TEA · MY WAY

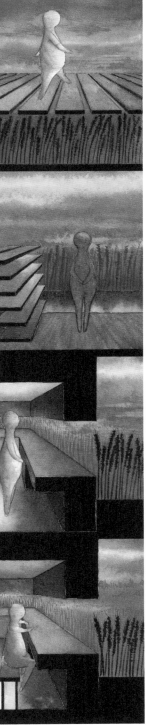

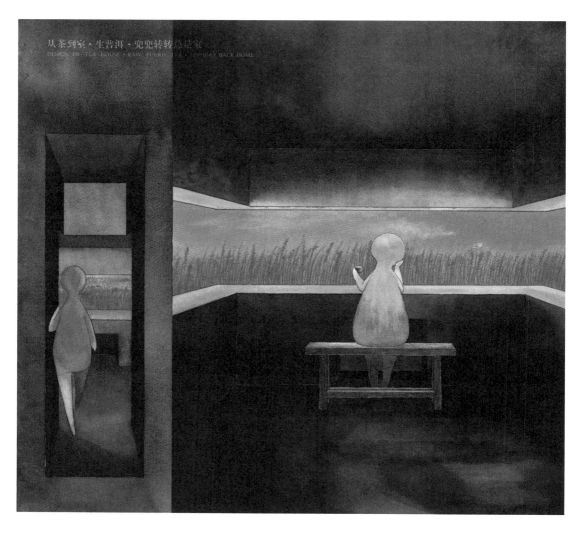

从茶到室·生普洱·兜兜转转总是家
DESIGN OF TEA HOUSE · RAW PUERH TEA · MY WAY BACK HOME

设计说明

　　设计题目为"兜兜转转总是家"，这源于自己喝普洱茶的体验。普洱茶初泡味道浓烈，越到后来味道越淡，最后变成极淡的甜。这个过程就像人生，无论最初怎样的丰富与热烈，最后总是要回到家里，好好面对自己。我希望创造的茶室，就是一个能给我安全感的、温暖的家。

　　我希望茶室坐落在一片麦田里。所以，设计的起点是人和麦田的关系。在去茶室的过程中，走在麦田边 拾级而下，走进麦田；进入茶室，视线被遮挡；最后在茶台前坐下，视线从麦尖掠过，如同坐在麦田里，欣赏外面的世界。

　　为了实现这样的关系，我将木栈道架空，将茶室空间下沉，并根据人站起和坐下的视线高度，确定窗洞的位置和高度。为了增强"家"的庇护感，采用混凝土作为建筑材料，将空间从混凝土实体中掏挖出来。所以，我的茶室没有墙体，只有厚实的外壳。

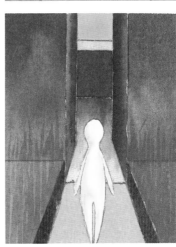

CHINA

2015 东南·建筑新人赛　BEST 16

高　健

西安建筑科技大学
建筑系二年级
指导教师：蒋　蔚　吴　瑞

延序　北院门小客舍设计

指导教师点评

　　设计者能从自身的体验出发，通过对历史街区空间元素进行提取与整合的尝试，将对生活细节的思考积极地投射其中，最终使方案展现出生动的面貌。（蒋　蔚　吴　瑞）

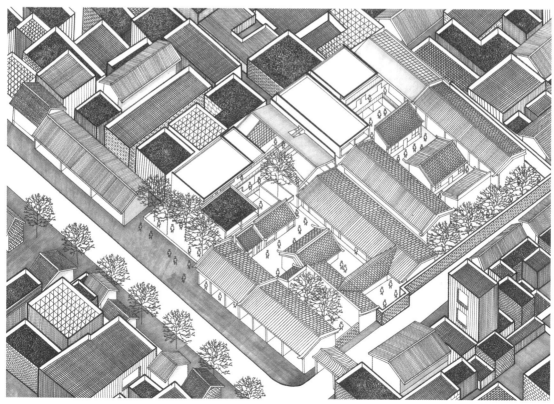

耿蓝天

西安建筑科技大学
建筑系三年级
指导教师：杨思然

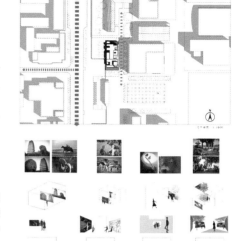

陪伴·十张摄影作品博物馆

指导教师点评

　　在对摄影作品有一定了解基础上，该生仔细筛选并确定每两张作品为一组，构成同主题的五组摄影作品。通过对摄影作品中主要要素的提炼与分析，寻找出每组照片的观展叙事路径、相对位置关系、作品大小关系等内容，构成建筑内部空间的基本线索。

　　由于建筑外部环境条件所限，学生将设计重点放在营造内部空间关系及局部外部景观视线联系。该生基于对摄影作品的分析，探讨了多组不同空间的高度、尺度、空间层次等对比关系，并将不同空间关系有机组织在一起，构成有趣味的建筑设计。

　　该生在设计过程中较为深入的探讨空间关系与作品的相互关联，通过此次设计较好地完成摄影博物馆设计的教学要求。（杨思然）

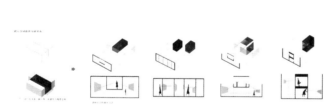

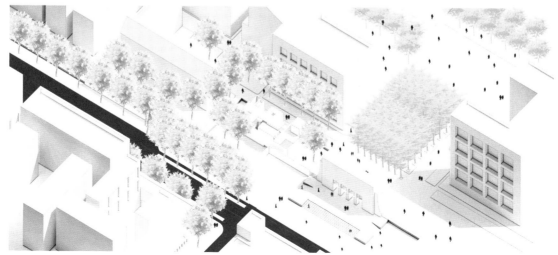

体块概念生成

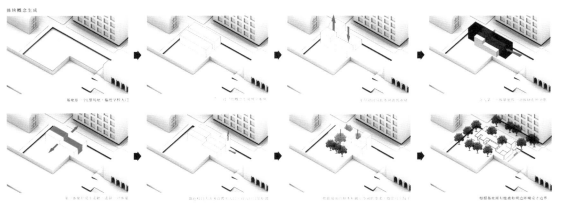

陪伴
十张照片博物馆

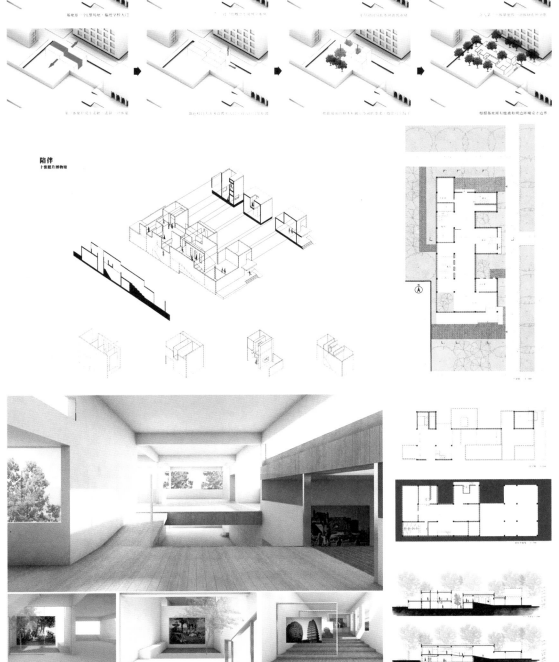

CHINA

2015 东南·建筑新人赛 BEST 16

管　菲

东南大学
建筑系一年级
指导教师：张　嵩

双"L"交流——社区活动中心设计

指导教师点评

　　多年来，我国的建筑设计基础教学多将（建筑）绘画或制图能力培养为重点，或是将抽象的构成练习作为建筑设计的基础，却缺乏对建筑学基本问题的关注。我们始终认为，建筑学的入门教育应该围绕以下三个要素：环境、使用和技术。而将上述三个要素整合为建筑设计的路径，则必须基于建筑空间及其建构的研究。本设计题目设置于真实的城市环境，由学生通过调研确定具体的使用人群、使用方式，自行拟定设计任务书，提出从城市空间到建筑空间的一系列设计目标。以此为前提，学生需要完成一个闭合的研究过程，通过体量布局、空间组织、建构研究等过程实现（或是批判）上述设计目标。在这一过程中，"真实"便成为教学的关键词：具体的基地环境、明确的使用人群、恰当的建造技术，均成为设计讨论的话题和影响设计发展的重要因素。本设计恰恰可以作为上述教学目标和过程的优秀例证。尤其需要指出的是，设计者对由公共到私密诸多空间层次的精准把握，有效地反抗了将建筑设计当作空间游戏的危险倾向。（张　嵩）

模型照片

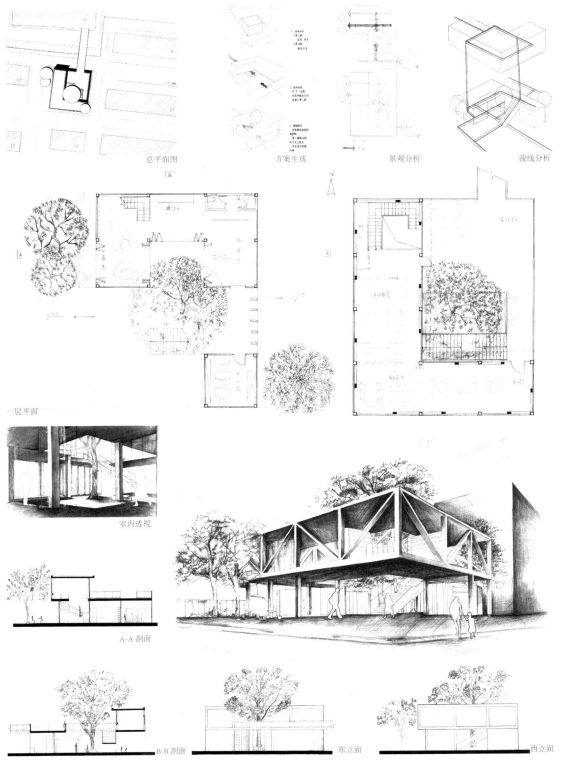

总平面图

方案生成

景观分析

流线分析

一层平面

室内透视

A-A 剖面

B-B 剖面

东立面

西立面

CHINA

2015 东南·建筑新人赛 BEST 16

何 涛

天津大学
建筑系三年级
指导教师：张昕楠、王 绚

LIBRARY PLUS 图书馆加建设计

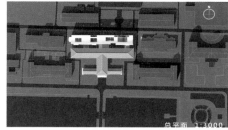

总平面 1:3000

形式概念

指导教师点评

  校园图书馆加建，题目设计有一定开放性，需要学生在对场地、原有建筑、人群行为等进行一系列调研分析的基础上，自行选择加建基地，并完善新馆功能设定内容。

  该方案选址于老馆北部临校园干道的狭长地带，基于"加"的朴实初衷，从老馆主体上生长出新馆体量，并"顺势"将其"翻落"于北部场地，看似简单的动作，表达出流畅合理的形式生成逻辑。依托于旧馆而塑形生成的新馆具有内凹形态的反转式屋顶，新馆与旧馆两长条状体量南北正对、行列排布，巧妙形成了前后屋顶起伏延续的节奏感。对于新馆的进一步空间塑造，作者选取院落主题，将四个具有不同形态与情感意义的院落贯穿于新馆东西向轴线空间中，设计在尊重传统空间的基础上，为探求其现代性的表达做出了有益的尝试。（张昕楠）

LIBRARY PLUS

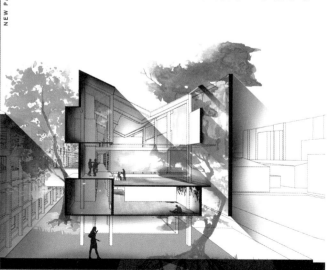

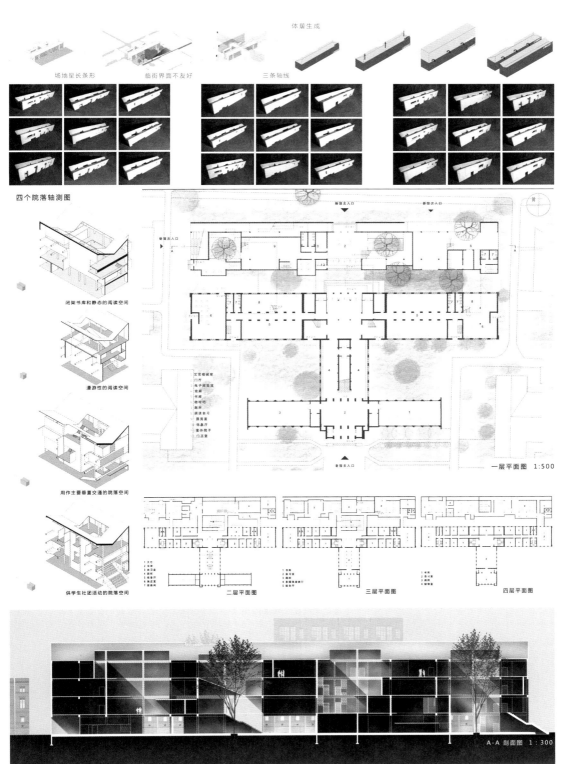

体量生成

场地呈长条形　　　临街界面不友好　　　三条轴线

四个院落轴测图

闭架书库和静态的阅读空间

漫游性的阅读空间

用作主要垂直交通的院落空间

供学生社团活动的院落空间

一层平面图　1:500

二层平面图　　　三层平面图　　　四层平面图

A-A 剖面图　1：300

CHINA

胡 樱

东南大学
风景园林专业二年级
指导教师：顾 凯

叠·盒——国际交流生公寓设计

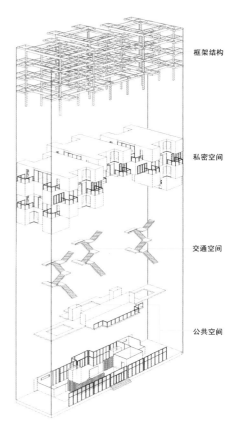

框架结构

私密空间

交通空间

公共空间

指导教师点评

　　如雷德侯《万物》一书所揭示，模件化生成制作是中国传统创造文化中的重要特点，从汉字、器具、雕塑，乃至建筑都是如此，尤其是建筑，小到构件的装配、大到群体的组合，最为典型地体现着模件化制作的要义，在具有低成本、大规模生产优点的同时，又有着多样变化的灵活性，适应着各种不同的具体情境。这一传统智慧对当代建筑设计仍然有着灵感启示。本方案即以模件单元为一以贯之的特色，以房间为最小单元，以房间组为中型单元，又合成较大的平面单元，再以此为基础，通过灵活的错动、叠压进行进一步组合，在满足功能需求的同时，又形成丰富灵活的空间效果，可谓在一定程度上把握住了传统设计智慧的精髓。（顾 凯）

叠·盒 国际交流生公寓设计
THE MAGIC OF UNITS

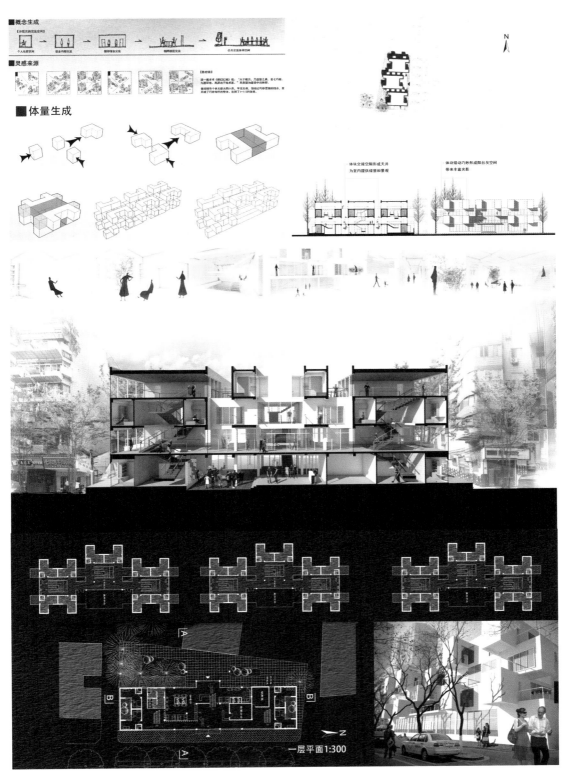

一层平面1:300

CHINA

2015 东南·建筑新人赛 BEST 16

连 绪

天津大学
建筑系一年级
指导教师：贡小雷、滕夙宏

大集市·微社区——四季村市场再生

休息空间

休息空间提供了睡觉、阅读、看电视、储存物品的可能性。床与桌子均为可活动装置，节省空间。

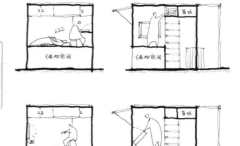

指导教师点评

建筑空间处于复杂环境之中，包括建筑位置、水文气候、地域文化、风俗习惯等；学生需要了解环境中人的行为与动机，通过调研分析目标人群的行为，抓住空间设计的关键之处。空间设计不仅是物质意义上的，体验精神内涵也至关重要。连绪同学的设计作业"大集市·微社区"体现了对场所的细致观察与人文关怀。学校附近的市场展现了独特现象，学生更愿意来市场中购买食物、日用品。市场中的商贩多是外来从业人员，以往的设计更多是关注形态与功能。"大集市·微社区"关注市场中的从业者，他们每日为周围居民、学生提供服务，同时也在这里休闲娱乐、照顾孩子，这是最能为他们提供城市归属感的地方。设计试图为从业者改善环境，创造一个利于人与人交流的场所，同时成为社区活动的聚集地。设计概念来源于对市场连续的场地调研，梳理各类人群行为特点及空间需求，为下一步体量设计奠定基础。一年级学生做设计容易忽视目标人群的行为观察，这也是这个作业重点考察之处。当然，这一设计表达场景氛围方面仍需加强，需要体现不同单元之间的空间关系。（贡小雷 滕夙宏）

操作区

活动柜台的设计，提供了扩增空间的可能性。旋转出入口与垃圾集中区结合，节省空间，使得垃圾清倒在操作区外进行。

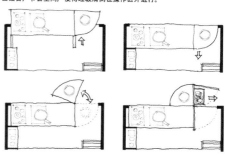

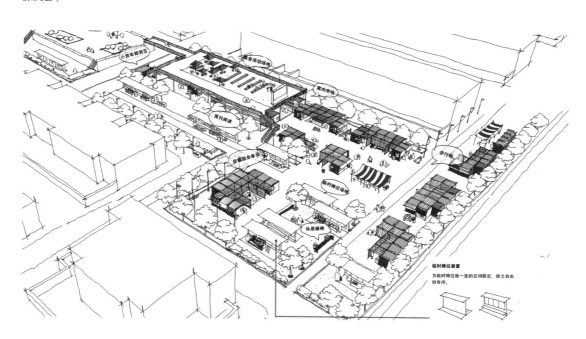

临时摊位装置

为临时摊位做一定的空间限定，使之自由但之有序。

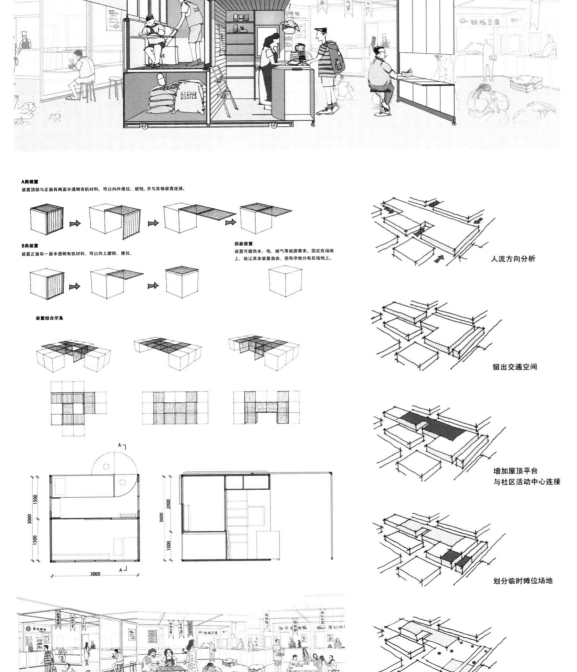

A类装置
装置顶部与正面有两面半透明有机材料，可以向外推拉、旋转，并与其他装置连接。

B类装置
装置正面有一面半透明有机材料，可以向上旋转、推拉。

供能装置
装置可提供水、电、磁气等能源需求，固定在场地上，能让其余装置自由，但有序地分布在场地上。

装置组合示象

人流方向分析

留出交通空间

增加屋顶平台
与社区活动中心连接

划分临时摊位场地

安放固定供能装置

CHINA

2015 东南·建筑新人赛 BEST 16

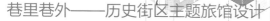

梁露

天津大学
建筑系三年级
指导教师：汪丽君

巷里巷外——历史街区主题旅馆设计

指导教师点评

　　根据调研和访谈的结果加入"功能（program）设计"的内容，选择了以自行车骑行客为目标人群，以骑行、交流、创意为特色的主题旅馆定位。骑行客们热爱自然、崇尚自由、外向洒脱。如何在满足旅馆建筑类型设计的基本要求基础上，为他们提供开展各种不同类型交流活动的空间可能，是作者设计中想解决的核心问题。在具体空间操作上，她尝试将结构和空间合一，通过很多邻接的屋顶交汇的可能性以及戏剧性的垂直空间处理手法，创造出多种类型的人们相遇场所，很好地解决了环境、建筑和人三者之间的依存关系。（汪丽君）

056

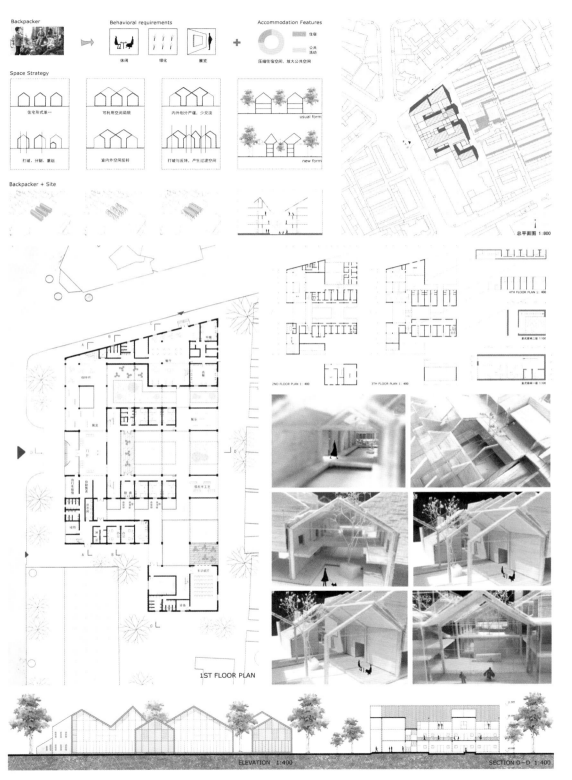

Backpacker

Behavioral requirements

休闲　绿化　展览

Accommodation Features

住宿
公共
活动

压缩住宿空间，放大公共空间

Space Strategy

住宅形式单一
打破、分割、重组

可利用空间局限
室内外空间反转

内外划分严谨，少交流
打破与反转，产生过渡空间

usual form
new form

Backpacker + Site

总平面图 1:800

4TH FLOOR PLAN 1: 400

叠式套间二层 1:100

2ND FLOOR PLAN 1: 400

3RD FLOOR PLAN 1: 400

叠式套间一层 1:100

057

1ST FLOOR PLAN

ELEVATION 1:400

SECTION D-D 1:400

CHINA

2015 东南·建筑新人赛 BEST 16

林碧虹

天津大学
建筑系三年级
指导教师：张昕楠 王 绚

与你共享的时光

指导教师点评

　　Share House 作为新的住宅类型，近年来在日本建筑设计领域获得了越来越多的关注。在这一类型的住宅中，整个功能体系呈现出一种 Bedroom+ 的状态——保证入居者最基本的生活空间单位，而将其他的行为活动组织在公共生活空间中。

　　林碧虹同学的设计很好地阐述了 Share House 这一建筑类型的空间机制；同时，通过墙体的操作方式设置层的体系，将西向朝向不利因素转化为建筑功能和空间组织的契机，创造出具有趣味性的生活空间。具体来说，在该方案中，墙体的设置成为了整个设计和空间的基础和法则；进而，通过在墙体不同位置、大小的开口，将南北向的层状空间在东西向上进行整合，形成公共空间系统，并将剩余的部分设置为入居者的基本生活空间单位。这一系列开口的处理，对由西侧进入的光进行"引导"，减弱了西晒的影响，并使整个空间体系呈现出一种"透明"的状态。（张昕楠 王 绚）

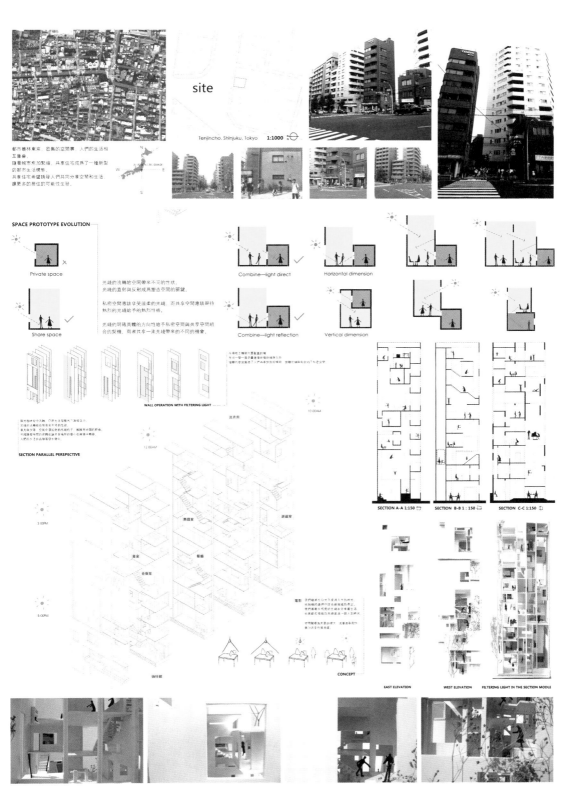

CHINA

2015 东南·建筑新人赛　BEST 16

刘茹萧

合肥工业大学
建筑系三年级
指导教师：叶　鹏

步·移·景·异——小学校园规划及单体设计

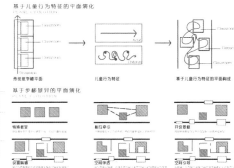

指导教师点评

目前，我国许多中小学教学楼设计都是功能至上，而对于小学生的一些自然天性关注不够，机械的、行列式的教学楼外廊成为了主流模式，它们固然便于教学管理、利于安全防护，但同时也是单调乏味的。

刘茹萧同学的方案，以小学生活泼、好动、好奇等行为特征为出发点，结合中国江南园林的空间模式，寻求新型小学校园环境和行为的关联模式。她在设计中致力于探究光线、视线、空间形态、景观等因素，试图创造一系列符合小学生环境心理的交流场所；另外，方案利用活动空间与交通空间的穿插，构建起伏错落的形体，最终形成特色鲜明的设计方案。
（叶　鹏）

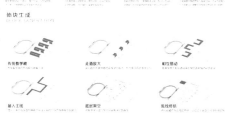

060

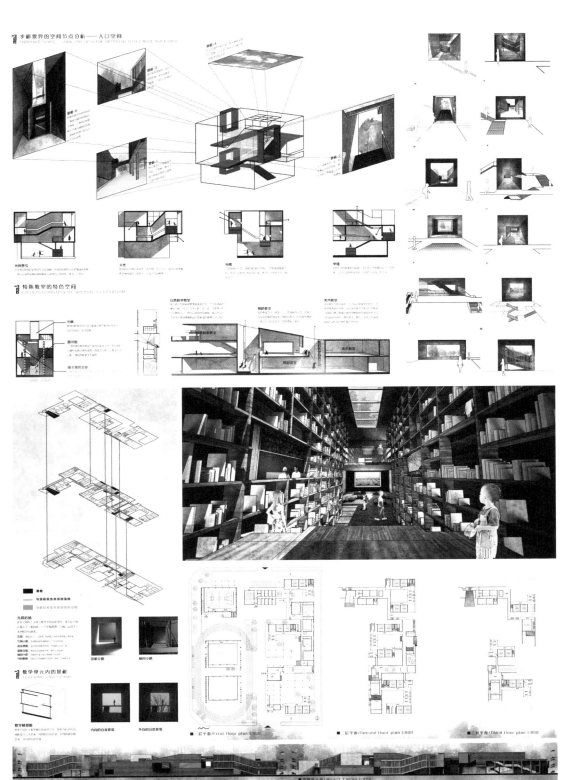

CHINA

2015 东南·建筑新人赛　BEST 16

王梅洁

同济大学
建筑系三年级
指导教师：水雁飞

小菜场与家

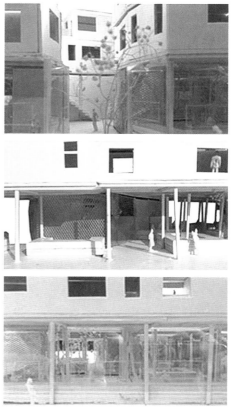

指导教师点评

　　从方案的一开始，王梅洁就展现出对于图像拓扑学的痴迷，试图在住宅功能单元与菜场摊位布局上建立极限尺度的关联，从而推动方案走向一种自下而上的思考。当然，面对这样一个不规则的场地，要使这样的思考落地也要付出相当艰苦的努力。方案巧妙引入了四个内向的公共庭院，以及轴网的叠合，使抽象化的建筑类型积极回应了具体的城市环境。最终的设计呈现了一种生长和日常的氛围。（水雁飞）

通常的设计思路：根据场地关系确定体量关系，进而确定单体，进一步确定户型

场地　　　　　体量　　　　　单体　　　　　房间

设计思路：

居住单元 = [卧室 + 卫生间] + [厨房 + 餐厅] + [起居室]

最初概念草图：尝试以房间为基本单元，根据房间之间的关系组织户型，再根据场地调整房间单元组织关系。

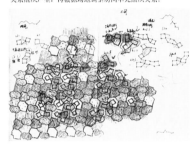

住宅逻辑：

起居室在三层，厨房餐厅单元靠近入户平台，单元之间通过不同的组合关系形成丰富的居住形态。

结合基地，建立单元网格体系，通过内挖院子的方式解决入户问题，院子的姿态根据业场以及城市关系决定，入户平台依附院子。通过天井单元的插入确保每一个居住单元都能有较好的采光，通过多次的尝试与单元的筛选建立了现在的格局。

■ 天井单元　　■ 入户平台

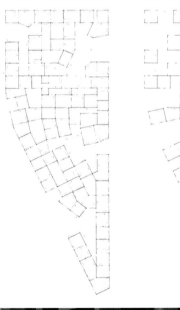

CHINA

2015 东南·建筑新人赛 BEST 16

王轶凡

西安建筑科技大学
建筑系三年级
指导教师：张 倩 朱 玲

旧城新生——旧城中村居住区更新设计

指导教师点评

在对传统住区改建的过程中，对历史的保护与现代城市发展之间的矛盾日益突出。通过前期对本基地的大量深入调研以及资料的整理，本设计从以下两个主要问题入手，设计一片有活力的新社区。

一方面，历史文脉环境下的建筑未能受到应有的保护，过度重视商业化，文脉环境周边的历史建筑却被大肆破坏，使得城市的肌理紊乱，文脉条件下的城市尺度失衡，人们在其中只能感受到混乱的氛围。随着建设的迅速发展，文脉被监禁，逐渐失去了价值，只剩"城市文脉盆景"一般的存在。

另一方面，旧城中村地段基础设施、绿化系统以及道路系统不完善，亦使得该地区遭到忽视。居民收入水平低，居住条件差，迁出人口多，老龄化问题严重。本案社区亦是这样"缺乏活力、走向消亡"的城中村，改善各方面条件成为本设计所关注的核心。（张 倩 朱 玲）

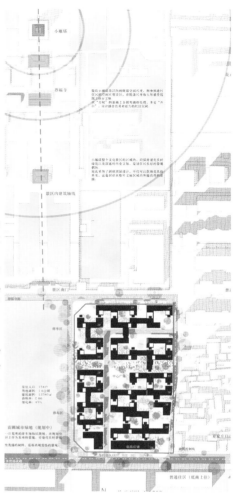

Perspective View in Watercolour

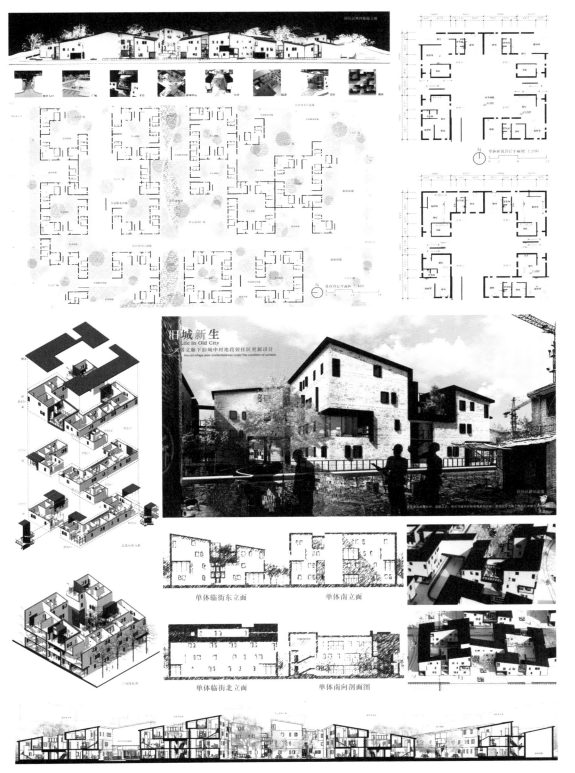

旧城新生
Life in Old City

单体临街东立面　　　单体南立面

单体临街北立面　　　单体南向剖面图

CHINA

2015 东南·建筑新人赛 BEST 16

谢成溪

天津大学
建筑系三年级
指导教师·张　睿

一桥四墙

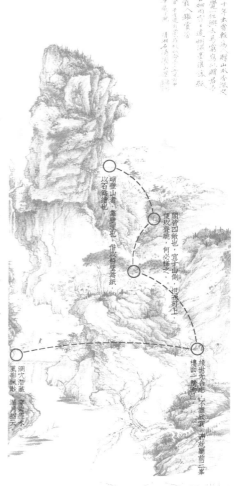

指导教师点评

　　中国古典园林设计孕育着中国文化的内涵，是中华民族内在精神品格的生动写照，它不断影响着当代和现代建筑设计，我们的确有必要重新认识古典园林，重新认识它对我们今天进行现代建筑创作的意义。如何对传统空间进行生动而恰到好处的现代演绎，一直是当今中国建筑一个重要的命题。

　　"一桥四墙"这一作品，以清代石涛传世之经典画作《细雨虬松图》为缘起，将自然山水之路径、节奏、韵律、视线、感受等元素逐一提炼。这本是一常见的"方式"抑或"手段"，真正的难点在于如何重新演绎，难能可贵的是，谢同学在设计中采用了特殊的"切片式"设计方法，通过多个空间切面来反映在不同空间状态下建筑形态和人活动方式的变化。而后采用一条起伏的路径贯穿始终。

　　作品体现了设计者自己的思考与主张。如何在迅速丧失地域文化的中国城市重建有地域根源的场所结构，如何让中国传统与山水共存的建筑范式活用在今天，谢同学的作品体现了一种很好的诠释方式。

　　对于热爱设计的人来说，每个作品都经历过苦苦探寻、百转千回的过程。谢同学创作中几易其稿，迷茫、执着、坚守的可爱表情至今印象深刻，而作品完成后酣畅淋漓的快乐也是从事其他职业难以体会到的。盼勿忘初心，在创作的道路上一直勇敢地走下去！（张　睿）

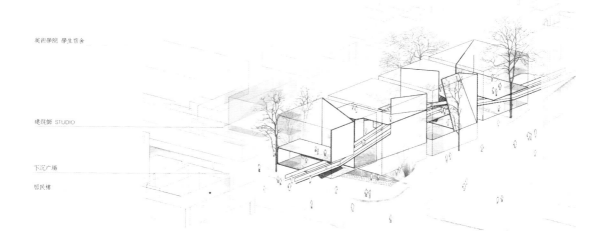

美术学院 学生宿舍

建筑师 STUDIO

下沉广场

居民楼

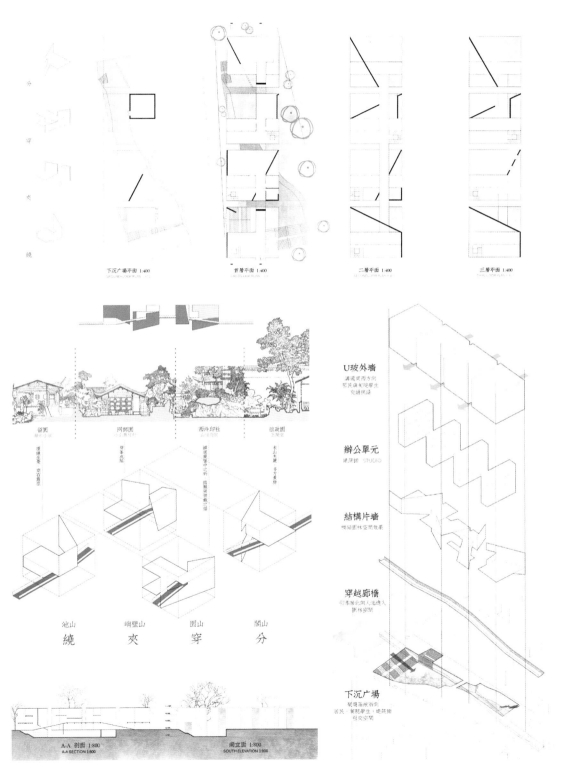

下沉广场平面 1:400
GROUND FLOOR PLAN

首层平面 1:400
FIRST FLOOR PLAN

二层平面 1:400
SECOND FLOOR PLAN

三层平面 1:400
THIRD FLOOR PLAN

留园
网师园
西泠印社
拙政园

池山　哨壁山　圆山　闲山

繞　夾　穿　分

A-A 剖面 1:800
A-A SECTION 1:800

南立面 1:800
SOUTH ELEVATION 1:800

U玻外墙

办公单元
STUDIO

结构片墙

穿越廊桥

下沉广场

CHINA

徐怡然

合肥工业大学
建筑系二年级
指导教师：刘 阳

展览空间的生长性——校史陈列馆设计

指导教师点评

　　徐怡然同学的设计尊重环境，以历史和新生物的辩证关系为出发点。地下部分作为主要展厅，象征着历史的积淀；地上建筑则围绕保留古树散落布局，削弱了建筑体量对视线和行走的阻碍，表达了发展的意象。地上地下、室内室外共同构筑了丰富的校园生活体验空间，回归到现实中师生的活动，赋予校史展览馆真实的场所意义。难能可贵的是设计者在进行平立面设计的同时，尝试着进行基于剖面多方向上的思考、分析与表达。（刘　阳）

■ 场地设计　SITE PLAN

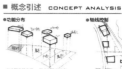

● 场地概况　　　　● 建筑轨迹　　　　● 人流分析

■ 概念引述　CONCEPT ANALYSIS

● 功能分布　　　　● 轴线控制　　　　● 形式生成

■ 场地分析　SITE ANALYSIS

● 建筑形态　　　　● 功能定位　　　　● 概念生成

■ 生态空间　ECOLOGICAL SPACE

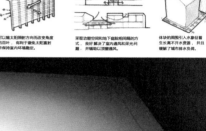

● 光圈　　　　　　● 通风　　　　　　● 水体

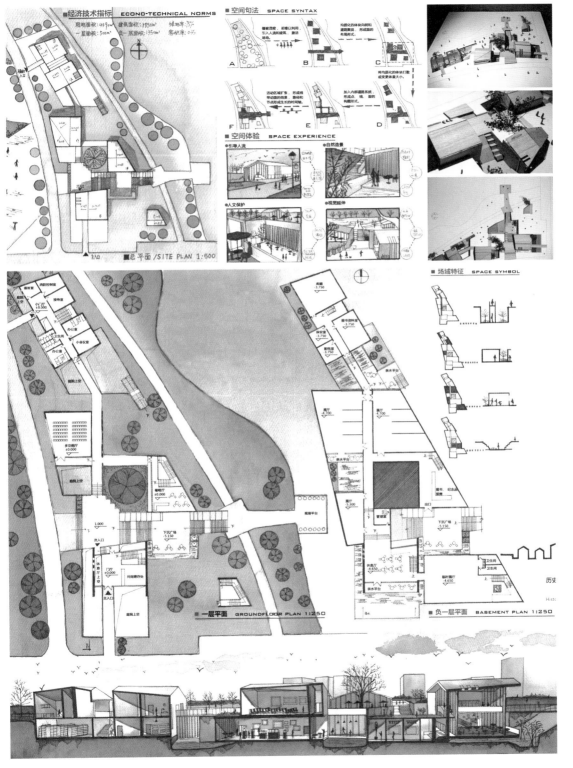

■经济技术指标 ECONO-TECHNICAL NORMS

■空间句法 SPACE SYNTAX

■空间体验 SPACE EXPERIENCE
●引导人流　●自然造景
●人文保护　●视觉延伸

■总平面/SITE PLAN 1:500

■场域特征 SPACE SYMBOL

069

■一层平面 GROUNDFLOOR PLAN 1:250

■负一层平面 BASEMENT PLAN 1:250

2015 东南·建筑新人赛 BEST 100

Sydykova Inzhu

华南理工大学一年级

指导教师：施　瑛

景观建筑小品设计

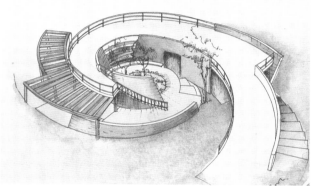

CHINA

2015 东南·建筑新人赛 BEST 100

柏思宇

西安建筑科技大学三年级

指导教师：杨思然

错置的景
——十件摄影作品的博物馆设计

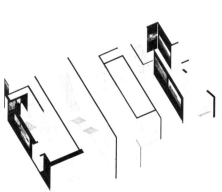

白 丹
天津大学三年级
指导教师：张 早

触摸自然
——历史街区特色旅馆设计

蔡青菲
西安建筑科技大学二年级
指导教师：党 瑞

迷宫
——幼儿园建筑设计

CHINA

2015 东南·建筑新人赛 BEST 100

蔡万成

郑州大学三年级

指导教师：周晓勇

汝官窑遗址博物馆设计

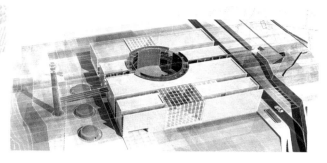

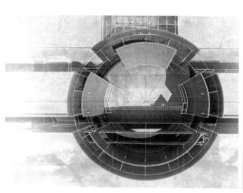

CHINA

2015 东南·建筑新人赛 BEST 100

陈宝鑫

西安建筑科技大学三年级

指导教师：王毛真

穿巷
——十件摄影作品的博物馆设计

岑枫红

重庆大学三年级

指导教师：刘彦君

绣三堂
——瑶绣文化展示中心设计

陈杰强

华南理工大学三年级

指导教师：缪 军

游园惊梦
——岭南艺术博物馆设计

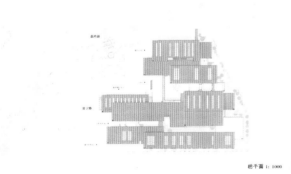

CHINA

2015 东南·建筑新人赛 BEST 100

陈 默
天津大学三年级
指导教师：张昕楠

落影悬方
——展览馆设计

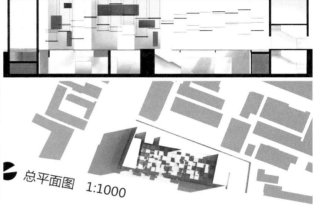

总平面图 1:1000

074

CHINA

2015 东南·建筑新人赛 BEST 100

陈 伟
重庆大学三年级
指导教师：陈 科

入木八分
——明式家具文化体验中心设计

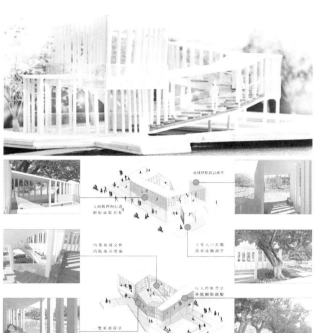

CHINA

2015 东南·建筑新人赛 BEST 100

陈斯炫

华南理工大学一年级

指导教师：施 瑛

景观建筑小品设计

CHINA

2015 东南·建筑新人赛 BEST 100

陈玥怡

同济大学三年级

指导教师：张 凡

渡
——民俗博物馆设计

程俊杰
东南大学二年级
指导教师：蔡凯臻

藤底宅
——院宅设计

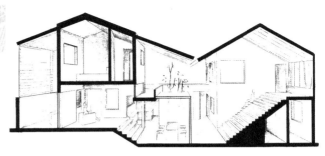

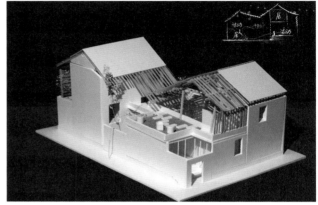

程苏晶
东南大学三年级
指导教师：唐　斌

浮·空
——浦口火车站改扩建设计

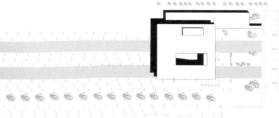

程南溪

南京工业大学三年级

指导教师：钱才云

山语庭间
——南方某高校建筑系馆设计

褚剑飞

昆明理工大学三年级

指导教师：杨 健 叶润枫

靡城之剧·梨园惊梦
——博览建筑设计

2015 东南·建筑新人赛 BEST 100

崔　浩

合肥工业大学三年级

指导教师：郑先友

四水三山
——南方二十四班小学设计

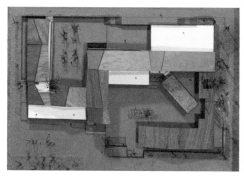

CHINA

2015 东南·建筑新人赛 BEST 100

戴文嘉

东南大学一年级

指导教师：周聪惠

对话
——社区中的师生服务站设计

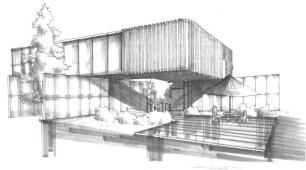
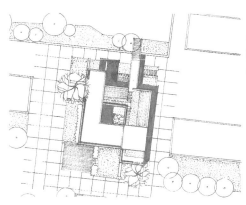

崔家瑞

天津大学三年级

指导教师：张昕楠　王　绚

框景中的世界
——图书馆加建设计

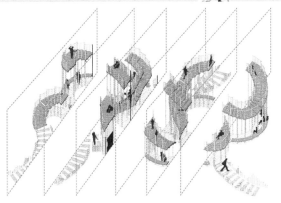

房　潇

中央美术学院二年级

指导教师：刘彤昊　张子裕

知梯
——社区阅读中心

CHINA

2015 东南·建筑新人赛　BEST 100

冯梓原
华中科技大学三年级
指导教师：谭刚毅

街道·生活
——昙华林城市记忆展览馆设计

CHINA

2015 东南·建筑新人赛　BEST 100

郭道夷
山东建筑大学三年级
指导教师：刘　文

盒间
——城市边缘社区活动中心设计

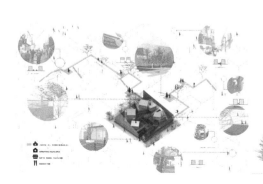

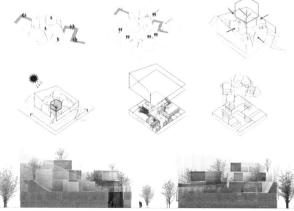

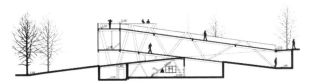

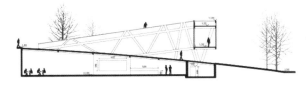

郭 岸

重庆大学二年级

指导教师：冷 婕

俯仰
——校园场地改造与小展厅设计

郭永健

天津大学三年级

指导教师：杨 菁

历史街区城市旅馆设计

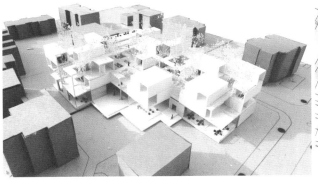

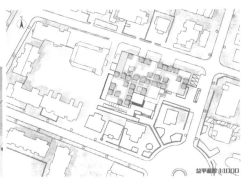

总平面图1:1000

郝歆旸
西安建筑科技大学三年级
指导教师：周 崐 李 昊 吴 瑞

缝戏
——秦腔艺术交流中心设计

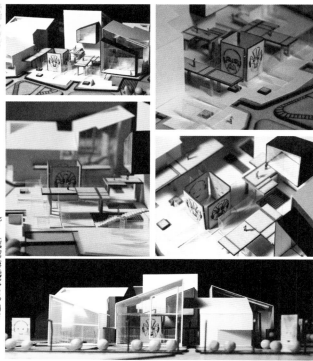

胡 淼
同济大学三年级
指导教师：章 明

日常|非常
——社区图书馆设计

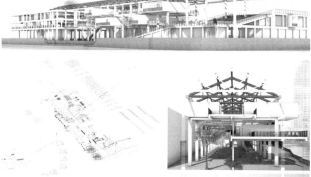

⊘ 总平面 1：1000

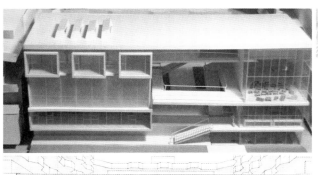

洪 超
华南理工大学三年级
指导教师：彭长歆

对话中庭
——建筑学院东厅重建

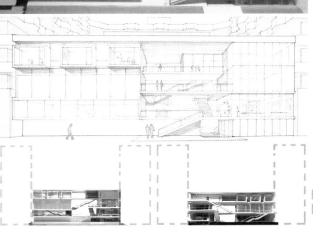

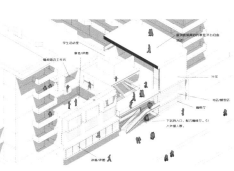

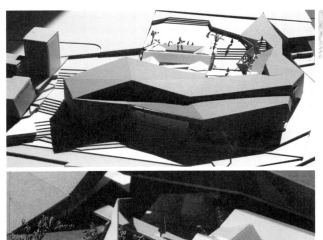

姜黎明
重庆大学三年级
指导教师：田 琦

流景
——城市记忆展示中心设计

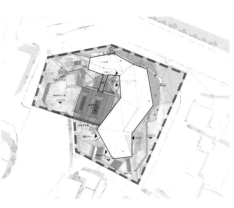

蒋洒洒
天津大学三年级
指导教师：戴　路

在屋顶唱着你的歌
——历史街区特色主题旅馆设计

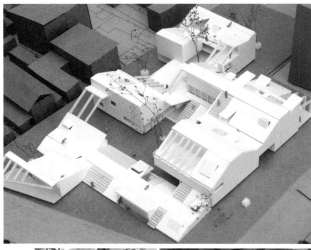

金　杰
河北工业大学二年级
指导教师：舒　平

重·境——老城社区活动中心设计

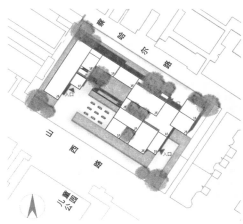

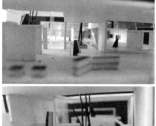 

CHINA

2015 东南·建筑新人赛 BEST 100

景巍然

同济大学三年级

指导教师：陈 泳

L型山地瑜伽俱乐部
——山地俱乐部设计

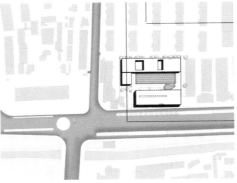

CHINA

李 昊

华中科技大学三年级

指导教师：刘 剀

PLUG-IN CITY插接城市
——旧城社区服务中心设计

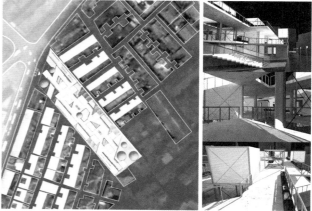

"street"　　　"cells"

086

CHINA

李乔智

天津大学三年级

指导教师：张昕楠

斜——共享住宅设计

SLEEPING

TAKING THE BOOK

TOILET

WATCHING OTHERS

COFFEE BAR

RESTING

PLANTING

CLIMBING TO HALF FLAT

DISCUSSING

HOLDING AN ACTIVITY

COMMUNICATING

FREE-FLOWING SPACES!

李石磊
天津大学三年级
指导教师：郑　颖　汪丽君

巷院之间
——社区中心兼展览馆设计

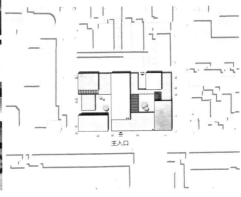

主入口

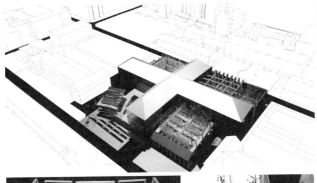

李　桃
天津大学三年级
指导教师：张昕楠　王　绚

LIBRARY PLUS
图书馆加建

2015 东南·建筑新人赛 BEST 100

李熙萌

沈阳建筑大学三年级

指导教师：孙洪涛

一院一境
——沈阳中街旧城更新与改造

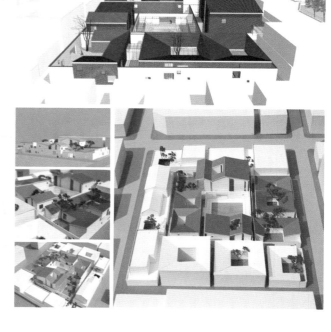

CHINA

2015 东南·建筑新人赛 BEST 100

凌　泽

苏州大学二年级

指导教师：张　靓

交响
——社区邻里中心设计

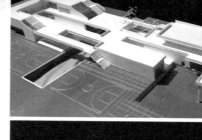

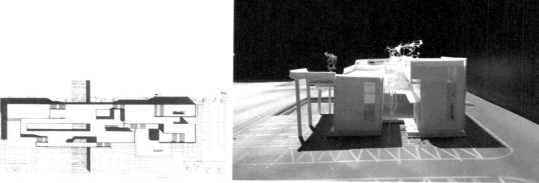

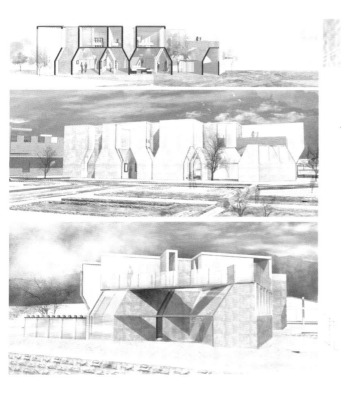

CHINA

2015 东南·建筑新人赛 BEST 100

刘 恬
湖南大学二年级
指导教师：李 煦

TWO SIDE OF RIGIONALISM
——RETHINKING OF THE
INSIDE AND THE OUTSIDE
地域两面性

CHINA

2015 东南·建筑新人赛 BEST 100

陆丰豪
大连理工大学二年级
指导教师：刘九菊

山水重构
——独立式小住宅设计

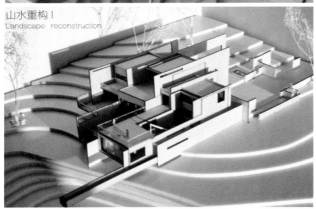

山水重构Ⅰ
Landscape reconstruction

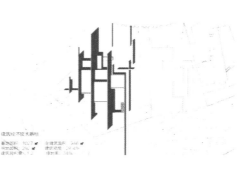

建筑经济技术指标

马雨萌
武汉大学三年级
指导教师：王炎松

连峦行筑
——自在穿行的建筑系馆设计

毛升辉
天津大学二年级
指导教师：苑思楠　李　伟

精神的领域
——二年级小型宗教建筑设计

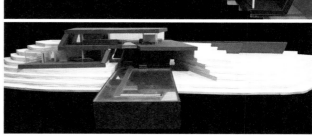

毛甜甜
中央美术学院三年级
指导教师：史　洋

校尉胡同
——央美百年纪念馆

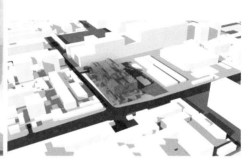

米锋霖
重庆大学三年级
指导教师：田　琦

交织 | 继承与更新
——民间艺术博物馆设计

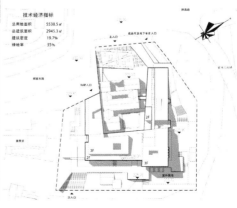

乔意然
东南大学三年级
指导教师：刘　捷

坡与景
——传统街区曲艺中心

邱怡箐
东南大学一年级
指导教师：彭　冀

师生活动中心

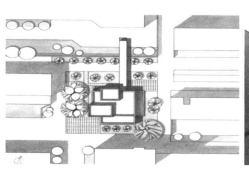

CHINA

2015 东南·建筑新人赛 BEST 100

沈嘉禾
苏州科技大学三年级

指导教师：张　芳

邻里·生活
——苏州新区邻里中心设计

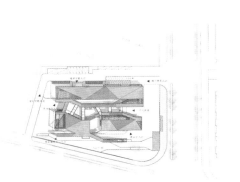

CHINA

2015 东南·建筑新人赛 BEST 100

沈文婕
华南理工大学三年级

指导教师：凌晓红

生态·多向·自由·开放
——高校图书馆建筑设计

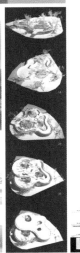

CHINA

史永鹏

西安建筑科技大学三年级

指导教师：同庆楠

歇歇脚
——十张照片的博物馆设计

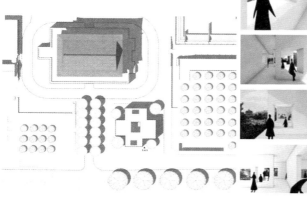

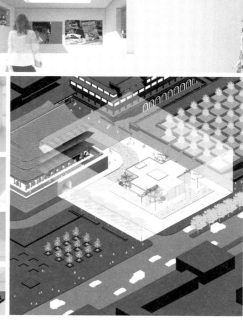

CHINA

宋　晶

天津大学二年级

指导教师：李　伟　苑思楠

艺术遇见孤独
——艺术家工作室设计

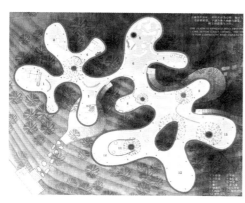

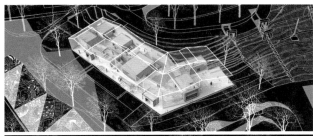

CHINA

2015 东南·建筑新人赛 BEST 100

孙 黎

重庆大学三年级

指导教师：陈 科

设计集市
——设计文化体验中心

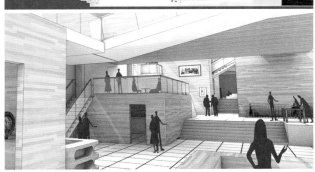

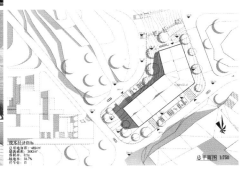

CHINA

2015 东南·建筑新人赛 BEST 100

孙铭阳

东南大学一年级

指导教师：陈晓东

间
——社区服务站设计

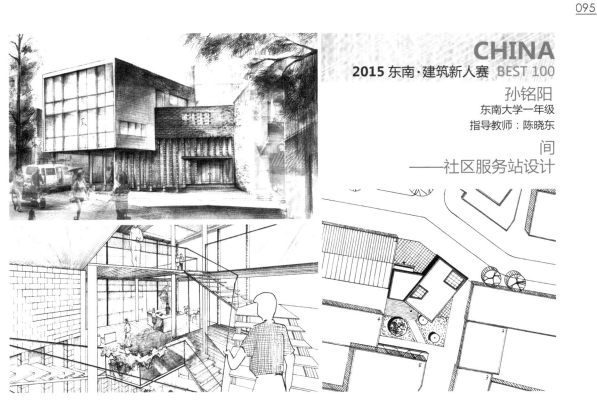

CHINA

2015 东南·建筑新人赛 BEST 100

唐垲鑫
同济大学二年级
指导教师：张佳晶　包小枫　董 屹　肖 扬

大城小市
——文创中心与SOHO公寓综合体设计

CHINA

2015 东南·建筑新人赛 BEST 100

唐奇靓
天津大学三年级
指导教师：张昕楠

REAR WINDOW GALLERY DESIGN

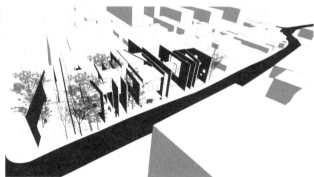

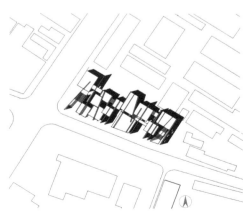

唐 帅
华南理工大学三年级
指导教师：邓巧明

岭南艺术博物馆建筑设计

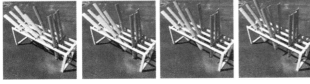

唐源鸿
天津大学二年级
指导教师：苑思楠

风之俱乐部
——自然元素的冥思

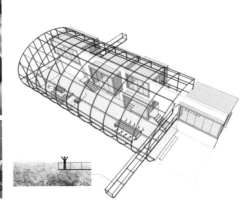

田　骅

西安建筑科技大学三年级

指导教师：周　崐

悬浮空间

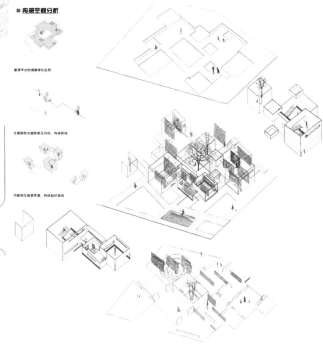

王丹晶

烟台大学建筑系三年级

指导教师：于　英

水城老区微中心设计

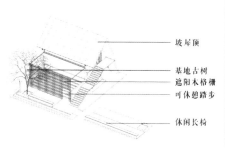

坡屋顶
基地古树
遮阳木格栅
可休憩踏步
休闲长椅

CHINA

2015 东南·建筑新人赛 BEST 100

王冠希
华中科技大学建筑系三年级
指导教师：彭　雷

新·集忆

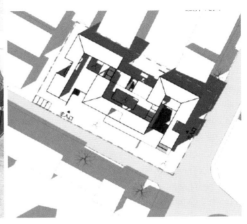

CHINA

2015 东南·建筑新人赛 BEST 100

王国宇
合肥工业大学建筑系三年
指导教师：苏继会　王　旭

交织与重构
对现代教学空间的探索与实验

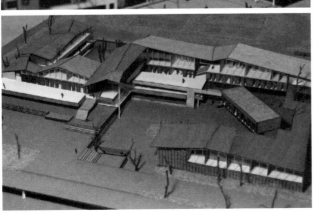

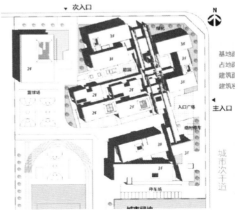

王佳怡
清华大学建筑系三年级
指导教师：王 辉

补丁城市
——年轻人的微城市设计

王与纯
合肥工业大学建筑系二年级
指导教师：任舒雅

切片下的观史视角
——校史展览馆设计

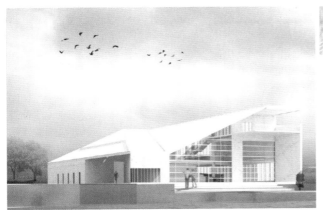

王雨晨
天津大学建筑系二年级
指导教师：荆子洋

来书吧坐坐
——二年级咖啡书吧设计

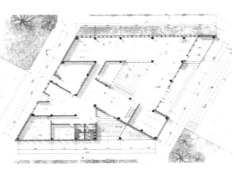

王浴安
大连理工大学建筑系三年级
指导教师：李　冰

在世界行走　为历史停留

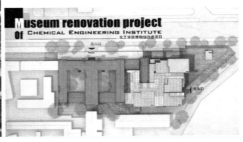

CHINA

2015 东南·建筑新人赛 BEST 100

王子睿
东南大学建筑系三年级
指导教师：俞传飞

植被与墙
——青少年种植栽培体验
中心设计

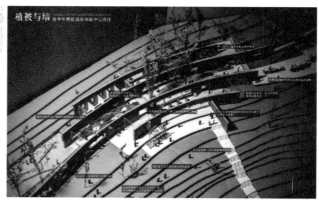

CHINA

2015 东南·建筑新人赛 BEST 100

王子田
淮海工学院建筑系三年级
指导教师：陈　霆

雨幕惊蛰
RAIN & AMP; DEFORMATION

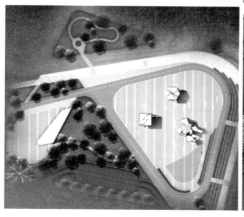

CHINA

2015 东南·建筑新人赛 BEST 100

温良涵

大连理工大学建筑系三年级

指导教师：颜茂仓

都市驿站
——垂直建筑系馆设计

CHINA

2015 东南·建筑新人赛 BEST 100

谢美鱼

天津大学建筑系三年级

指导教师：张昕楠　王　绚

暮光之城
——麦昆艺术展览馆

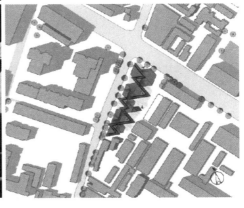

CHINA

徐 帆

合肥工业大学建筑系三年级

指导教师：陈丽华

创客空间设计

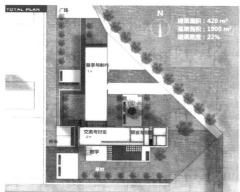

CHINA

徐武剑

东南大学建筑系三年级

指导教师：周 霖

夫子庙传统街区曲艺中心

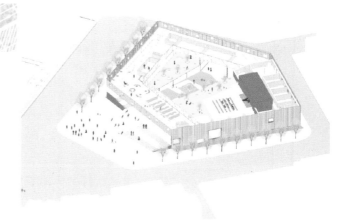

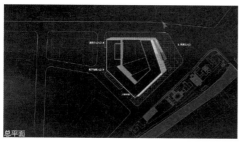

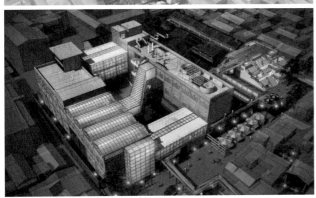

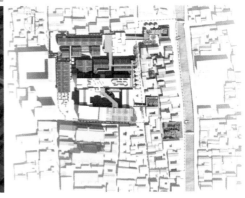

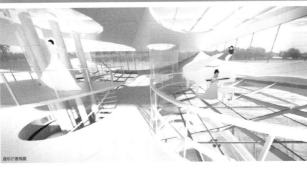

CHINA

2015 东南·建筑新人赛 BEST 100

杨 晴
天津大学建筑系二年级
指导教师：苑思楠

自然元素的冥想
——俱乐部设计

CHINA

2015 东南·建筑新人赛 BEST 100

杨心怡
华南农业大学建筑系三年级
指导教师：吴运江

高校图书馆设计

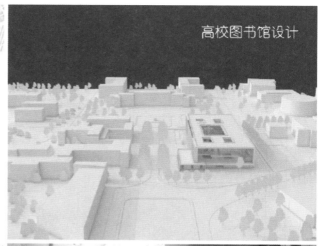

高校图书馆设计

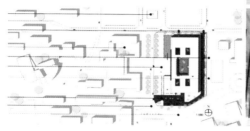

CHINA

2015 东南·建筑新人赛 BEST 100

杨一鸣
东南大学建筑系三年级
指导教师：夏　兵

穿行与渗透
——夫子庙传统街区曲艺中心

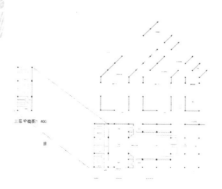

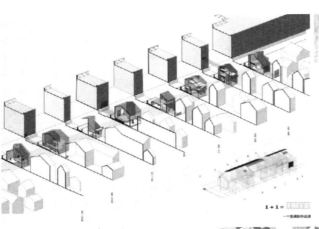

CHINA

2015 东南·建筑新人赛 BEST 100

杨子依
西安建筑科技大学建筑系三年级
指导教师：王毛真

1 + 1 = FREESTYLE

CHINA

2015 东南·建筑新人赛 BEST 100

于安然
天津大学建筑系三年级
指导教师：张昕楠　王　绚

图书馆加建
—READING ON THE SLOPE

CHINA

2015 东南·建筑新人赛 BEST 100

张博男
天津大学建筑系三年级
指导教师：赵 伟

MATRIX-社交的领域
校园图书馆加建设计

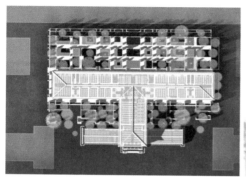

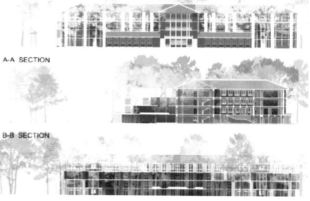

SOUTH ELEVATION

A-A SECTION

B-B SECTION

CHINA

2015 东南·建筑新人赛 BEST 100

张 腾
东南大学建筑系三年级
指导教师：邓 浩

风之屋
——南京市体育公园青少年
风筝活动展示中心

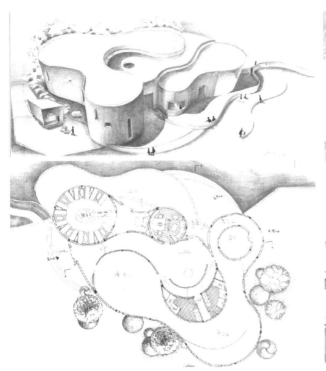

张晓艺
西安建筑科技大学一年级
指导教师：马 健 靳亦冰 颜 培

流の光 视觉艺术馆建筑设计

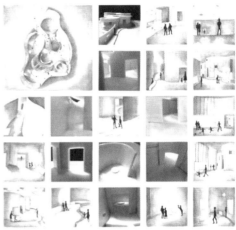

张懿文
西安建筑科技大学建筑系一年级
指导教师：李 焜 付胜刚 何彦刚
　　　　　吴 超 吴涵濡

从茶到室·竹叶青·源头活水

CHINA

2015 东南·建筑新人赛 BEST 100

赵鹤湾
重庆大学建筑系三年级
指导教师：陈 俊

延院漫步

CHINA

2015 东南·建筑新人赛 BEST 100

赵鹏宇
华南理工大学建筑系三年级
指导教师：李 晋

穿城逐影
——民间工艺品博物馆设计

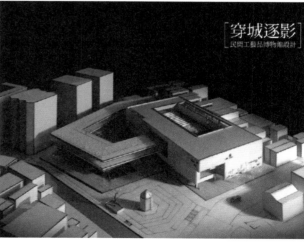

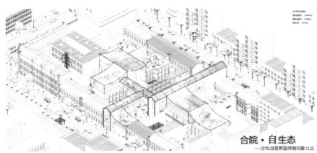

CHINA

2015 东南·建筑新人赛 BEST 100

钟石领

哈尔滨工业大学建筑系三年级

指导教师：李玲玲 孟琪

合院·自生态

合院·自生态
——自给自足新型绿色功能社区

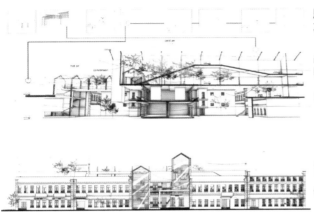

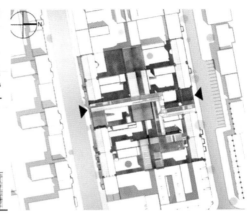

竞赛花絮

CHINA

东南·中国建筑新人赛
竞赛花絮——选手布展

CHINA

2015

东南·中国建筑新人赛
竞赛花絮——评委老师

CHINA

2015

东南·中国建筑新人赛
竞赛花絮——交流活动

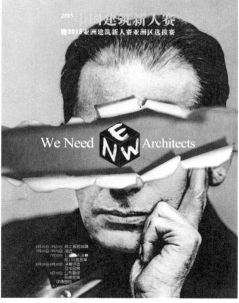

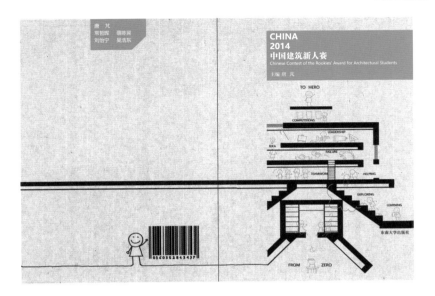

CHINA

2015

东南·中国建筑新人赛
纪念品篇——创意笔筒

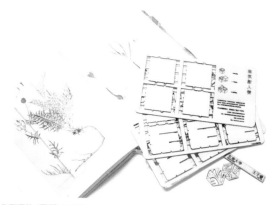

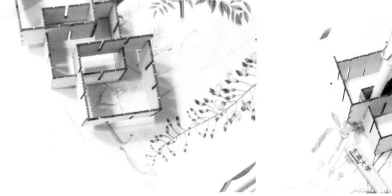

CHINA

2015

东南·中国建筑新人赛
纪念品篇——帆布袋·胶带

来撕我啊　来撕我啊　熬夜伤身　熬夜伤身　封印勿动　封印勿动

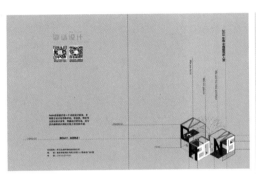
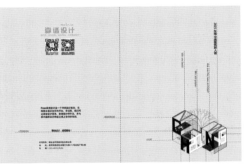

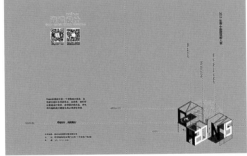
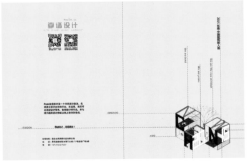
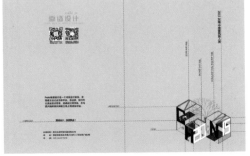

竞赛名录

参赛者名录

A

安於欣　　西安建筑科技大学
安宇迪　　天津大学

B

白白帝　　河南科技大学
白　丹　　天津大学
白海琦　　东南大学
白雪杉　　哈尔滨工业大学
白雪燕　　重庆大学
白宇如　　山东建筑大学
柏思宇　　西安建筑科技大学
班兴华　　天津大学

C

蔡青菲　　西安建筑科技大学
蔡荣晓　　福建工程学院
蔡万成　　郑州大学
曹语锴　　合肥工大
曹　蓁　　河南科技大学
岑枫红　　重庆大学
陈祺炜　　长安大学
陈艾文　　重庆大学
陈宝鑫　　西安建筑科技大学
陈　诚　　东南大学
陈楚茜　　广东工业大学
陈丹彤　　华南理工大学
陈飞澔　　北京建筑工程学院
陈加麒　　东南大学
陈杰强　　华南理工大学
陈梦烂　　浙江农林大学
陈　墨　　天津大学
陈　默　　天津大学
陈沛健　　华南理工大学
陈汝霜　　华南理工大学
陈思涵　　南京大学

陈思佳　　北京工业大学
陈斯炫　　华南理工大学
陈　伟　　重庆大学
陈伟栋　　河北工程大学
陈欣涛　　东南大学
陈新宇　　西安建筑科技大学
　　　　　华清学院
陈翔怡　　同济大学
陈妍洁　　合肥工业大学
陈宇静　　苏州科技大学
陈蕴怡　　天津大学
陈泽旭　　中国美术学院
陈梓瑜　　清华大学
成紫玗　　同济大学
程吉帆　　安徽建筑大学
程俊杰　　东南大学
程可昕　　东南大学
程　露　　天津大学
程南溪　　南京工业大学
程青依　　哈尔滨工业大学
程苏晶　　东南大学
程子倩　　东南大学
迟增磊　　西安建筑科技大学
仇　磊　　西安建筑科技大学
储　潇　　四川大学
褚剑飞　　昆明理工大学
崔　浩　　合肥工业大学
崔家瑞　　天津大学

D

戴金贝　　东南大学
戴文嘉　　东南大学
邓绍斌　　华南理工大学
丁雅周　　天津大学
丁妍卿　　西安建筑科技大学
董舒婷　　西安建筑科技大学

段嫣然　　西安建筑科技大学

F

樊舒纬　　西安建筑科技大学
范高诗　　重庆大学
方益烽　　浙江科技学院
房　潇　　中央美术学院
冯海辉　　东南大学
冯可欣　　东南大学
冯雨萌　　天津大学
冯钰脉　　河南科技大学
冯裕茗　　西南交通大学
冯梓原　　华中科技大学
付　蓉　　西安建筑科技大学
付一玲　　中央美术学院
傅瑞盈　　东南大学
傅弈佳　　华南理工大学

G

高　晗　　西安建筑科技大学
高　弘　　东南大学
高加欣　　东南大学
高　健　　西安建筑科技大学
高憬媛　　厦门大学
高　君　　西安理工大学
高翔宇　　天津大学
高晏如　　东南大学
葛梦婷　　同济大学
葛兆亮　　重庆大学
耿蓝天　　西安建筑科技大学
龚佩弦　　湖南大学
勾　瑞　　西安建筑科技大学
古　鹏　　西安建筑科技大学
古子豪　　天津大学
顾嘉诚　　合肥工业大学
顾坤农　　北京建筑大学

顾倩倩　西安建筑科大　　胡　悦　华南理工大学　　K

顾　瑶　四川大学　　　　花凯峰　重庆大学　　　　康　阔　重庆大学

关　宪　长安大学　　　　华超楠　浙江科技学院　　寇　成　东南大学

管　畅　北京建筑工程学院　黄　健　华南理工大学　　蒯新珏　中央美术学院

管　菲　东南大学　　　　黄静怡　华南理工大学

管　乐　上海大学　　　　黄俊捷　华南理工大学　　L

郭　喆　合肥工大　　　　黄兰琴　天津大学　　　　赖雨诗　东南大学

郭　岸　重庆大学　　　　黄丽丹　华南理工大学　　蓝　萱　湖南大学

郭道夷　山东建筑大学　　黄妙琨　东南大学　　　　雷　达　东南大学

郭永健　天津大学　　　　黄敏婷　华南理工大学　　雷闻天　西安建筑科技大学

　　　　　　　　　　　黄朋朋　北京建筑工程学院　冷先强　东南大学

H　　　　　　　　　　黄　睿　天津大学　　　　李啟潍　北京建筑工程学院

郝歆旸　西安建筑科技大学　黄舒弈　同济大学　　　　李泊衡　山东建筑大学

郝子宏　东南大学　　　　黄　辕　武汉理工大学　　李冠祺　湖南大学

何海滨　福建工程学院　　黄昭威　西安建筑科技大学　李菡纯　西安建筑科技大学

何劲雁　浙江工业大学　　　　　　　　　　　　李　昊　华中科技大学

何琳娜　北京建筑工程学院　J　　　　　　　　　李　灏　东南大学

何沛文　华南理工大学　　纪　琳　武汉大学　　　　李慧东　北京建筑工程学院

何　涛　天津大学　　　　贾　平　西安建筑科技大学　李嘉泳　华南理工大学

何　为　中国石油大学　　贾肖虎　武汉理工大学　　李江涛　西南交通大学

　　　　（华东）　　　　贾永达　河南城建学院　　李　杰　重庆大学

贺嘉琪　武汉大学　　　　姜黎明　重庆大学　　　　李俊伟　大连理工大学

贺治达　西安建筑科技大学　姜兴佳　清华大学　　　　李亮稷　华南理工大学

衡瑞凡　合肥工业大学　　姜　旭　中央美术学院　　李林熹　华南理工大学

洪　超　华南理工大学　　姜业圻　天津大学　　　　李　琳　西安建筑科大

洪哲昊　浙江科技学院　　蒋　尘　天津大学　　　　李孟原　重庆大学

洪哲远　合肥工业大学　　蒋洒洒　天津大学　　　　李梦如　重庆大学

胡　蝶　华南理工大学　　蒋珊珊　上海大学　　　　李铭慧　长安大学

胡冠衔　北京建筑工程学院　金　杰　河北工业大学　　李佩如　山东建筑大学

胡海林　东南大学　　　　金　千　东南大学　　　　李　强　西安建筑科技大学

胡美芳　华南理工大学　　金　璇　西安建筑科技大学　李乔智　天津大学

胡　淼　同济大学　　　　金延盛　中央美术学院　　李　若　北方工业大学

胡乃榕　西安建筑科技大学　景思远　西安建筑科技大学　李石磊　天津大学

胡沁欢　华南理工大学　　景巍然　同济大学　　　　李世熠　重庆大学

胡曦阳　清华大学　　　　景　旭　华南理工大学　　李　桃　天津大学

胡阳茳　华南理工大学　　居凌宇　山东建筑大学　　李天颖　清华大学

胡　樱　东南大学　　　　　　　　　　　　　　李文卿　华南理工大学

胡圆圆　西安建筑科技大学　　　　　　　　　　　李文爽　天津大学

沈文婕	华南理工大学	唐 帅	华南理工大学	王天元	山东建筑大学
沈 潇	苏州科技大学	唐玉田	浙江大学	王 苇	重庆大学
沈伊宁	苏州科技大学	唐源鸿	天津大学	王文超	烟台大学
沈紫微	天津大学	陶柯宇	南京工业大学	王文涵	东南大学
施 旗	东南大学	陶秋烨	西安建筑科技大学	王文涛	沈阳建筑大学
石晏榕	重庆大学	田皓元	华南理工大学	王晓楠	天津大学
史冠宇	西安建筑科技大学	田 骅	西安建筑科技大学	王心恬	西安建筑科技大学
史永鹏	西安建筑科技大学	田 萌	苏州大学	王新杰	天津大学
宋国晗	西南交通大学	田英祯	天津大学	王歆艺	武汉大学
宋 晶	天津大学	涂梦奇	河北工业大学	王 妍	西安建筑科技大学
宋心怡	西安建筑科技大学	涂雨璇	东南大学	王 曜	河南科技大学
宋杨欣	北京建筑大学	屠 超	西南交通大学	王一婷	东南大学
宋一飞	同济大学			王一苇	苏州科技学院
宋永林	河南科技大学	W		王怡君	重庆大学
宋子玉	天津大学	万雅玲	天津大学	王忆伊	东南大学
苏天宇	清华大学	王琛涵	西安建筑科技大学	王轶凡	西安建筑科技大学
苏章娜	华南理工大学		华清学院	王与纯	合肥工业大学
隋明明	东南大学	王楚霄	中央美术学院	王宇轩	东南大学
孙继生	山东建筑大学	王丹晶	烟台大学	王宇轩	西安建筑科技大学
孙嘉昕	华南理工大学	王冠希	华中科技大学	王雨晨	天津大学
孙 黎	重庆大学	王冠仪	天津大学	王浴安	大连理工
孙丽程	烟台大学	王广震	中国石油大学	王兆谞	河南科技大学
孙铭阳	东南大学		（华东）	王智轩	天津大学
孙 伟	东南大学	王国宇	合肥工业大学	王子健	中央美术学院
孙旖旎	西安建筑科技大学	王佳怡	清华大学	王子睿	东南大学
孙盈科	中南大学	王嘉城	东南大学	王子田	淮海工学院
孙 昱	广东工业大学华立	王江宁	西安建筑科技大学	蔚 韵	哈尔滨工业大学
	学院	王皎皎	西安建筑科技大学	魏文翰	华南理工大学
		王婧仪	西安建筑科技大学	魏鑫月	重庆大学
		王 璐	沈阳建筑大学	魏子栋	西安建筑科技大学
T		王梅洁	同济大学	魏宗浩	湖南大学
谭健岚	华南理工大学	王 萌	河南城建学院	温良涵	大连理工大学
檀春昕	湖南大学	王梦斐	华南理工大学	吴承柔	东南大学
唐波晗	清华大学	王梦茹	沈阳建筑大学	吴佳倩	东南大学
唐含一	长安大学	王 萍	西安建筑科技大学	吴婧彬	天津大学
唐行嘉	西安建筑科技大学	王沁雪	北京建筑工程学院	吴绍平	天津大学
唐浩铭	东南大学	王 晴	北京建筑大学	吴文正	西安建筑科技大学
唐垲鑫	同济大学	王 桑	华南理工大学	吴依秋	同济大学
唐奇靓	天津大学				

吴永义	武汉理工大学	杨朝	天津大学	袁峻豪	重庆大学
吴则希	东南大学	杨宸	东南大学	袁莫涵	东南大学
伍惠婷	广东工业大学华立学院	杨光	北方工业大学	袁佩桦	南京工业大学
		杨国阳	湖南大学	袁一夫	苏州科技大学
		杨佳敏	西安建筑科技大学		
X		杨竟	同济大学	**Z**	
奚涵宇	东南大学	杨俊宸	天津大学	曾程	北方工业大学
先楠	天津大学	杨琨	西安建筑科技大学	曾建清	西安建筑科技大学
向钰滢	西安建筑科技大学	杨柳	西安建筑科技大学	曾兰淳	东南大学
肖强	东南大学	杨晴	天津大学	曾伟图	华南理工大学
肖雄	西安建筑科技大学	杨淑妍	华南理工大学	曾宇健	华南理工大学
谢成龙	同济大学	杨潇	天津大学	翟珂	长安大学
谢成溪	天津大学	杨心怡	华南农业大学	翟盈	东南大学
谢光源	华南理工大学	杨一萌	华中科技大学	翟臻康	南京工业大学
谢美鱼	天津大学	杨一鸣	东南大学	詹李慧子	浙江工业大学
谢庭苇	华南理工大学	杨钰洁	西安建筑科技大学华清学院	张博男	天津大学
谢铮	西安建筑科技大学			张道正	西安建筑科技大学
熊晏婷	同济大学	杨泽宇	长安大学	张逢吉	国立金门大学
徐帆	合肥工业大学	杨章正	大连理工大学	张涵	天津大学
徐涵	华中科技大学	杨志强	西安建筑科技大学	张昊天	清华大学
徐华宇	北京建筑工程学院	杨子遥	华南理工大学	张浩然	天津大学
徐嘉韵	湖南大学	杨子依	西安建筑科技大学	张皓博	东南大学
徐俊	苏州科技大学	杨梓含	安徽建筑大学	张季	同济大学
徐清清	苏州大学	姚冠杰	同济大学	张佳馨	华南理工大学
徐武剑	东南大学	姚胤竹	苏州科技大学	张锦玉	华南理工大学
徐欣	西安建筑科技大学	姚雨墨	西安建筑科技大学	张开开	东南大学
徐一绮	东南大学	叶津岑	昆明理工大学	张立	东南大学
徐怡然	合肥工业大学	叶磊	华南理工大学	张梦圆	苏州科技大学
徐紫阳	天津大学	叶雪粲	清华大学	张鹏飞	华南理工大学
许姬	扬州大学	易文博	武汉大学	张晴	华南理工大学
许炜达	广东工业大学华立学院	应晓亮	合肥工业大学	张润阳	安徽建筑大学
		于安然	天津大学	张书羽	西安建筑科技大学
薛健	西安建筑科技大学	于点	华南理工大学	张涛	天津大学
		于艺	西安建筑科技大学	张腾	东南大学
Y		余晓辉	西安建筑科技大学	张天成	南京工业大学
闫爽	同济大学	俞晴	哈尔滨工业大学	张琬舒	同济大学
阳程帆	西安建筑科技大学	郁如意	东南大学	张薇萌	北京建筑工程学院
杨斌	西安建筑科技大学	袁嘉忆	三江学院	张鑫	长安大学

张潇涵	东南大学	周 昊	西安建筑科技大学
张晓艺	西安建筑科技大学	周继发	山东建筑大学
张 啸	哈尔滨工业大学	周 军	浙江工业大学
张 鑫	苏州科技大学	周科廷	哈尔滨工业大学
张星旖	湖南大学	周诺雅	吉林建筑大学
张兴龙	西安建筑科技大学	周 全	西安建筑科技大学
张 旭	东南大学	周荣敏	厦门大学
张 璇	北京建筑工程学院	周 锐	福州大学
张雅轩	哈尔滨工业大学	周伟凡	中国美术学院
张艺馨	山东建筑大学	周星宇	东南大学
张懿文	西安建筑科技大学	周瑶逸	华南理工大学
张 宇	天津大学	周怡静	华南理工大学
张宇喆	合肥工业大学	周 艺	山东建筑大学
张雨晗	西安建筑科技大学	周子涵	河北工业大学
张钰奇	北京建筑大学	朱 骋	重庆大学
张 悦	东南大学	朱丹迪	长安大学
张展鹏	河南科技大学	朱静雯	北京建筑工程学院
张正先	重庆大学	朱可成	西安建筑科技大学
张艺璇	厦门大学	朱旺达	浙江大学
章昊笛	东南大学	朱旭栋	同济大学
赵鹤湾	重庆大学	朱薛景	华中科技大学
赵 杰	西安建筑科技大学	邹佳辰	天津大学
	华清学院	左 鹏	南京工业大学
赵南森	西安建筑科技大学		
赵鹏宇	华南理工大学	其他	
赵夏瑀	天津大学	Dantier Teddy John William	
赵欣冉	西安建筑科技大学	东南大学	
赵 岩	北方工业大学	Jason Leung	
赵怡成	天津大学	东南大学	
赵逸龙	东南大学	John William	
赵子昱	湖南大学	南京大学	
赵紫彬	四川大学	Sydykova Inzhu	
郑 静	厦门大学	华南理工大学	
郑如欣	华南理工大学		
郑婉琳	天津大学		
钟石领	哈尔滨工业大学		
钟嫣燃	河南科技大学		
仲 亮	西南交通大学		

组委会名录

统　筹：　唐芃

成　员：

韩冬青　　葛爱荣　　孙世界　　葛　明　　鲍　莉　　唐芃　　张　彧
张　嵩　　王海宁　　殷　铭　　张　敏

志愿者名录

统　筹：　王子睿

外联组：

杨一鸣（组长）　　吴余馨　　钱　程　　李心恬　　吕佳瑞　　蔡莹莹

网络组：

郁如意（组长）　　潘昌伟　　叶　波　　吴江源　　柏韵树　　肖　强
韩　旭　　蔺明霞　　沈　祎

会场组：

庞国超（组长）　　邵建东　　钱志达　　刘鸿瑶　　张　乐　　丁思源
李　奇　　王嘉城　　郑　剑　　陈欣涛

宣传组：

张　文（组长）　　高　弘　　朱佳乐　　张　宁　　刘昱杉　　蒋天桢

致 谢

■ 主办单位：

■ 在线竞赛平台：

■ 纪念品赞助：

东南大学建筑设计研究院有限公司

■ 协办媒体：

■ 官方微信平台：

内容提要

2015建筑新人赛是本赛事在中国进行的第三个年头。竞赛由东南大学建筑学院与东南大学建筑设计研究院有限公司共同主办，因而正式更名为"东南·中国建筑新人赛"。

本赛事面向建筑专业1—3年级学生，秉持一贯的自由开放风格，展示建筑新人们在专业学习中的精彩作业，同时搭建起各院校新人之间、新人与前辈自由交流的平台，使得低年级同学相互启发激励，也得到业内精英有针对性的提点，这对于新人在专业上的发展不无裨益。

本书展示了本次赛事的获奖作品，其中所表现出建筑新人在设计作业中的奇思妙想和精彩表达，可为建筑专业师生提供借鉴。

图书在版编目（CIP）数据

2015 东南·中国建筑新人赛 / 唐芃主编. — 南京：东南大学出版社，2016.8
ISBN 978-7-5641-6659-5

Ⅰ.① 2… Ⅱ.①唐… Ⅲ.①建筑设计 – 竞赛 – 组织管理 – 中国 –2015 Ⅳ.① TU2

中国版本图书馆 CIP 数据核字（2016）第 182129 号

2015 东南·中国建筑新人赛

出版发行 : 东南大学出版社
出 版 人 : 江建中
责任编辑 : 姜 来 朱震霞
社 址 : 南京市四牌楼 2 号 邮编：210096
网 址 : http://www.seupress.com
电子邮箱 : press@seupress.com
经 销 : 全国各地新华书店
印 刷 : 上海利丰雅高印刷有限公司
开 本 : 700mm×1000mm 1/16
印 张 : 8.75
字 数 : 170 千字
版 次 : 2016 年 8 月第 1 版
印 次 : 2016 年 8 月第 1 次印刷
书 号 : ISBN 978-7-5641-6659-5
定 价 : 48.00 元